食品詐欺の実態と誘因

藤田　哲【著】
藤田技術士事務所

幸書房

はじめに

筆者は主として食品化学の領域で、パン用酵母、食用油脂、界面活性剤、食品の乳化、酵素利用などの研究・開発に携わってきました。この間、二十数年前のある出来事がきっかけで、種々の食品のうそ（食品詐欺）に興味を持つようになりました。筆者は会社員時代の職務に関連して、幾つかの食品企業で行われた種々の不正行為を知る立場にありました。しかし過去の国内では少数の米穀不正以外に、食品詐欺事件の報道はほぼ皆無に近い状態でした。他方筆者が、欧米での食品詐欺の状況を調べた結果、既に数多くの事例とその検証・防止への対策が、西欧で百五十年、米国では百年以上も行われていることを知りました。そこで筆者は食品詐欺に関する種々の報文を集め、また関連する国際シンポジウムなどに参加し、新旧の事実を数多く知ることができました。これらの概要は『食品のうそと真正評価』*と題する2冊の本にまとめております。

日本では二〇〇一年の狂牛病事件とそれに続く翌年の雪印食品事件以降、堰を切ったように食品の不正が明るみに出て、食品詐欺を「食品偽装」と呼ぶようになりました。以降、筆者は種々の食品不正について、公的発表や新聞などの報道を集め、その実態と誘因などをこの本にまとめてみました。日本では輸入食品の国産詐称が多く、消費者から十億円を超える不当な利益を詐取しても、罰を受けない例が数多くありました。これらは誠に許し難い行為です。そこで食品不正の実態を人々に知っていただき、種々の食品詐欺根絶に向けた取り組みが促進されることを切に望んでおります。

また、本書をはじめ多くの著者の出版では、幸書房・夏野雅博社長からご親切なご支援をいただき、ここに深甚な感謝を捧げます。

二〇一八年四月

藤田　哲

＊『食品のうそと真正評価』（二〇〇〇）、『新訂版　食品のうそと真正評価』（二〇〇三）、（株）エヌ・ティー・エス

目次

序章　戦前・戦後の日本の食

戦後も七〇年以上になり、戦前・戦中の体験者は僅かになりました。過去六五年ほどの間、食品化学や食品開発を専門に働いてきた者として、経験を交えて日本の食の変化を簡単に述べてみたいと思います。

1. 戦前の日本人の食生活変化

文明開化の時代とされた明治の初期から、日本政府は「脱亜入欧」の政策をとり、官民を挙げて西欧的な文化の受け入れに努めました。そこで食生活の面でも、種々の欧米風な食品が市場に出回り、昭和初期の軍国主義強化の時代までそれが続きました。この間の食品産業史をひもとくことにより、日本人の食生活がどのように変わってきたかを、具体的な食品や飲料などの出現と普及とともに、理解することができると思います(1)。

戦前の食品関係の大きな出来事を年表に示します。

現在の若い人々が想像もできないほど、戦前の日本の庶民は質素な生活を送っていました。そのうえ、軍部が政権を握ってからは「贅沢は敵だ」とされ、国内の生活は厳しさを増し、食料は自由に購入できなくなりました。一九三九年に米の配給統制が始まり、東京では食堂での米飯供与が禁止され、一九四一年には生活必需物資とほぼ全ての食料が、自治体が発行する通帳や切符がなければ買えなくなりました。

2. 戦中から敗戦頃の食生活と代用食

一九四一年十二月八日に太平洋戦争が始まり、まず市中から菓子類がなくなり、配給される食料も次第に減るようになりました。開戦の直後に、筆者が菓子店で五銭（一円の百分の五）で買った明治製菓の板チョコは、それが最後になりました。やがて都市では軍に接収されるなどして犬がいなくなりましたが、密かに食料にされたことも原因でした。一九四四年にはアメリカ空軍による空襲が始まり、都市はいたるところが焼け野原になり、一五歳だった筆者も軍需工場に動員され、アメリカ空軍の爆撃や艦載機の機銃掃射を受けました。

一九四五年八月の敗戦をはさんで数年間、特に戦後は多くの都市住民は飢餓状態にありました。米などの食料は常に無配になり、庶民は草や糠までも食べて空腹をしのぐという、いわゆる代用食

2. 戦中から敗戦頃の食生活と代用食

1868 年（明治元年）	東京でラムネ（レモネードのなまり）発売
1869 年（明治 2 年）	横浜でアイスクリーム発売
1870 年（明治 3 年）	横浜にビール工場設立。　1872 年に大阪にビール工場設立
1876 年（明治 9 年）	札幌に官営ビール工場（後のサッポロビール）設立
1879 年（明治 12 年）	東京（現在の江東区）に機械式製粉所設立（後の日本製粉）
1881 年（明治 14 年）	北海道でテンサイ糖の製糖所が操業開始
1883 年（明治 16 年）	静岡で氷砂糖製造、東京に精製糖工場設立（後の大日本製糖）
1885 年（明治 18 年）	ジャパン・ブルワリー社設立（後のキリンビール）
1891 年（明治 24 年）	吹田にビール工場完成（後のアサヒビール）。小岩井農場設立
1894 年（明治 27 年）	日清戦争で缶詰やビスケット（乾パン）製造が盛況
1895 年（明治 28 年）	日清戦争で台湾が領土に、製糖会社設立（後の大日本製糖）
1896 年（明治 29 年）	本格的製粉工場設立（日本製粉）。ソース発売（イカリソース）
1899 年（明治 32 年）	サントリーの前身（葡萄酒）および森永製菓の前身創業
1900 年（明治 33 年）	飲食物その他の物品取締法の公布、鎌倉ハムの富岡商会創業
1901 年（明治 34 年）	中村屋（パン）東京大学前で開業
1904 年（明治 37 年）	日露戦争始まる。台湾バナナ輸入。肉用牛のと殺 29 万頭
1908 年（明治 41 年）	グルタミン酸の発見。砂糖消費 5 kg/ 人・年
1909 年（明治 42 年）	味の素グルタミン酸 Na 発売。酒の計り売りから瓶詰めの発売
1910 年（明治 43 年）	不二屋洋菓子舗創業（横浜）。日韓合併。ビタミン B1 の発見
1913 年（大正 2 年）	ハウス食品（即席カレーなど）の前身創業
1914 年（大正 3 年）	愛知トマト（カゴメ前身）設立。第一次世界大戦始まる
1916 年（大正 5 年）	明治製菓の前身設立（キャンデー、ビスケット）
1917 年（大正 6 年）	野田醤油（後のキッコーマン）を地域醸造家の合同で設立
1919 年（大正 8 年）	ドイツ人捕虜、食文化に貢献。ソーセージ、製パン法など
1922 年（大正 11 年）	江崎商店グリコ発売。寿屋の赤玉ポートワイン宣伝
1924 年（大正 13 年）	寿屋、山崎にウイスキー工場完成。(1929 年に発売
1925 年（大正 14 年）	北海道に雪印乳業前身設立。キユーピーマヨネーズ発売
1931 年（昭和 6 年）	満州事変始まる。大不況で欠食児童激増、小学卒 12 歳の数万人が就職
1933 年（昭和 8 年）	満州国成立。トマトジュース発売。ブラジルコーヒーの宣伝
1934 年（昭和 9 年）	東北地方冷害、娘の身売り、欠食児童、自殺、行き倒れの多発
1936 年（昭和 11 年）	南洋捕鯨開始。軍部による独裁政治が始まる
1937 年（昭和 12 年）	日中戦争勃発。食料の国家統制始まる。統制経済体制の成立
1939 年（昭和 14 年）	ほぼ全食料品の価格統制が始まる。ヤミ物資流通を警察が取り締まり
1940 年（昭和 15 年）	ほぼ全物資に公定価格の義務づけと切符による配給制
1941 年（昭和 16 年）	生活必需物資の統制令。12 月 8 日に太平洋戦争に突入
1943 年（昭和 18 年）	多くの食品工場を軍事物資の製造工場に転用
1944 年（昭和 19 年）	戦争は末期的状況。輸入途絶と労働力不足で食品産業弱体化
1945 年（昭和 20 年）	大空襲で主要都市は焼け野原になり、都市住民は飢餓状態。8 月敗戦

の時代でした。人は飢えると、立っていることも苦痛になりますので、当時は駅のプラットホームなどで、しゃがみこむ大人が大勢いました。それから七〇年、当時の飢餓状態を知る人々は急速に減ってきています。筆者は敗戦時に旧制中学四年の一六歳になりましたが、経験した飢えのつらさを忘れることはできません。

敗戦の前後は食材が極端に少なく、食は家庭での調理でしたから、その栄養内容の把握は大変容易でした。表1は、大正の末から昭和初めと昭和二十年の、やや裕福な都市家庭の献立です。表の左右を比較しますと、昭和初期には一人分の米消費量が一日三九〇gですが、敗戦時には雑穀類を合計しても二〇〇g程度に過ぎません。栄養の不足分は野菜や芋類で補っていましたが、それらの食料は常に不足し、一般庶民は空腹の毎日を送っていました。最近の米消費は一人一日一六〇g程度に過ぎません。昭和初期の一日三九〇gの米消費は多いように思われますが、当時の日本人のタンパク質摂取量は極めて少なく、その必要量を米のタンパク質で補っていました。一升飯（米で約一・五kg）を食べていた男性農民に毎日煮干しを与えたところ、米飯の量が激減したという、有名な戦後の実験結果があります。

一九四五年の七月に、アメリカ、イギリス、ソビエト連邦による日本への降伏勧告（「ポツダム宣言」）がなされましたが、本土決戦を主張した軍部はそれを無視しました。八月には広島と長崎に対し、死者約二五万人とされる原子爆弾による悲惨な殺戮が行われ、終戦に至りました。アメリカでは、原子爆弾による戦争の終結で、数十万の米軍兵士の命が救われたとして、その投下行為が

2. 戦中から敗戦頃の食生活と代用食

表 1 戦前と敗戦直前の食生活、1 日の献立

大正末〜昭和初め（1925 年）

献立	食品の材料	喫食量 (g)
＜朝＞ご飯	米	120
味噌汁	みそ	20
	ワカメ	2
海苔佃煮	海苔佃煮	20
漬物	カブ漬	60
	ダイコン漬	50
	醤油	8
＜昼＞ご飯	米	130
イワシ丸干し	イワシ	120
	醤油	6
海苔佃煮	海苔佃煮	15
フキ煮物	フキ	50
	食塩	2
	醤油	5
	砂糖	2
＜夕＞ご飯	米	140
豆腐つゆ	豆腐	50
	ミツバ	5
	醤油	5
	食塩	1.5
サワラ塩焼	サワラ	80
	食塩	1.6
ぬた	ネギ	30
	ワカメ	3
	みそ	10
	砂糖	3
	食酢	3
ひたし豆	大豆	30
	醤油	3
	大根浅漬	80

「聞き書　東京の食事」農文協、1988

昭和 20 年（1945 年）戦争末期

献立	食品の材料	喫食量 (g)
＜朝＞雑穀雑炊	米	30
	トウモロコシ	40
おろし	ダイコン	50
フダンソウ	フダンソウ	70
	醤油	5
＜昼＞だんご	雑穀 / 野菜粉	70
	大豆	20
	食塩	1
芋	ジャガイモ	150
春菊	春菊	40
＜夕＞豆スープ	大豆	30
	食塩	2
アシタバ		50
ダイコン漬け		30

平均 1 日摂取量		
米		110g
大豆		
雑穀野菜粉		
うどん		
トウモロコシ	以上計	220g
サツマイモ		150g

「婦人の友」昭和 20（1945）年 5 月号

肯定されています。当時、軍人たちが支配した日本政府は、全国民に対して上陸するアメリカ兵と竹槍で戦う訓練をさせ、中学校では少年に爆雷を抱いて戦車に突入させる訓練をしていました。遅すぎた敗戦でしたが、それでも莫大な数の人命が救われました。当時の日本には「神国日本の勝利を信ずる人」が大勢いましたが、大都市住民は空襲と空腹のために疲れ果て、内心はすでに厭戦的になっていました。八月十五日、筆者は天皇の敗北宣言を聞いて、「これからはどうなるか分からないが、とにかく今晩から電灯が使え、ぐっすり眠ることができる」と安堵しました。

3. 戦後から近年までの日本人の食生活変化

一九三七年に日中戦争が始まり、八年後の四五年に敗戦を迎えました。この侵略戦争では、民衆を主とする中国の犠牲者は二千万人、フィリピンの犠牲者は一一一万人で国民の一六人に一人とされました。日本の被害は、軍人と一般人の死者が三一〇万人、このうちフィリピンでの戦病死者は約五二万人で、敗走中の餓死が最多であったとされます。国内の損害はアメリカの爆撃などの罹災者一千万人以上、全国の建物の四分の一、生産施設の四割、船舶の八割の損失などでした。敗戦後の日本は大変な混乱期を迎え、戦後の困窮の中でインフレは激しく、三年半で消費者物価は一〇〇倍になりました。しかし、この激しいインフレのおかげで、政府は戦時中に発生した莫大な負債を、ほぼ帳消しにすることができました。

戦後、貧困と飢餓は特に激しくなり、大都会には約一二万人とされる親を失った孤児と浮浪児、職と家のない復員兵や浮浪者があふれていました。敗戦後はアメリカ主体の占領軍が日本を統治しましたが、都市住民への生活保護には手がまわらず、人々は自衛して生きるしかありませんでした。食べ物を主とする多くの生活物資は、不法であった「ヤミ市」で流通し、金持ちはヤミ物資で生活を維持できました。一方、飢えた都市住民は農村への米などの買い出しによって命をつなぎました。しかし、「買い出し」は不法行為であったため、列車は警察によって度々停車させられ、着物などの財物との交換でやっと手にした食料は没収されました。この頃、ヤミ物資に頼らずに餓死した裁判官の話は有名で、今でも語り継がれています。筆者も飢えのために栄養失調になりましたが、自転車や列車で、近郊や遠方の農村まで、何回もの買い出しを経験しています。

このように、大多数の都市住民の窮状は深刻なものでした。占領軍は、住民救済のために占領地の救済資金（「ガリオア資金」など）を使って、小麦とトウモロコシを主とする援助を行いました。一九四六年からはアメリカや世界各国のＮＧＯによる「ララ物資」が贈られ、これらの食料援助によって日本の危機は救われました。その後、学童への給食が始まり、ユニセフな

表２　戦後の栄養内容変化、各食品成分のカロリー比率（%）
農林水産省食糧需給表による１人１日当たり供給熱量比

年度	米	畜産物	魚介類	油脂類	小麦	その他
1960 年度（昭和 35 年）	48.3	3.7	3.8	4.6	10.9	28.7
1980 年度（昭和 55 年）	30.1	12.0	5.2	12.5	12.7	27.5
2006 年度（平成 18 年）	23.4	15.4	5.1	14.4	12.6	25.5

どの援助でコッペパンと脱脂粉乳が学校に配られて、子供の栄養が改善されました。このときのパン食が今日のパン普及の原因になったとされます。その後一九五〇年に朝鮮戦争が始まり、米軍への軍需物資供給のために産業界への特需があり、日本経済は大きく改善されました。

表2は古いデータですが、敗戦一五年後からの栄養内容の変化を表し、米消費の減少と、畜産物と油脂類の増加を示しています。戦後の約五〇年間に、日本人の食生活は驚くほど大きく変化しました。その変化の特徴は欧風化で、動物性タンパク質、特に肉類の摂取量増加、米食の減少と調理食品を含む加工食品と外食の増加でした。この変化は、一九五四年に始まった高度経済成長期を経て一九九〇年頃まで進みましたが、一九九五年を境にこれらの食事内容の変化はほとんどなくなり、ほぼ同様の水準が続くようになりました。

4．日本家庭の貧困化が始まった

家計の消費支出に占める食費の割合、%を「エンゲル係数」と呼びますが、総務省の家計調査によるとこの係数は一九九〇年に二五%を切りました。敗戦直後に六〇%程度であったエンゲル係数は、二〇〇五年に最低の二二・九%になり、その後は緩やかに上昇して二〇一五年に二五%になり増加を続けています。原因は可処分所得の減少と食品価格の上昇であり、政府は黙っていますが、すでに近年は平均的日本人の貧困化が進んでいます。エンゲル係数は生活水準と反比例しますが、事実、日本の家庭の消費支出は一九九三年から減少を続けています。また、厚生労働省の二〇一六年勤労統計調査でも、日本人の実質賃金は過去一〇年間に八%も下落しました。この現象は見方を変えれば、日本の高度経済成長が一九九〇年代に終わったことと重なります。

欧米諸国と比べて日本人の食の内容向上が百年近くも遅れたのは、一八九四（明治二十七）年から長年続いた戦争と軍備によって、庶民の生活が大変貧しかったためでした。また先の大戦中は、農村の働き手が軍隊にとられて不足し、農民の生活は貧しく、東北地方では主食の米でさえ十分に食べられない農家が少なくありませんでした。

過去六〇年ほどで日本人の生活水準は大きく向上し、食料は「量から質」の時代になり、平均寿命が高まりました。特に高度成長期からの五〇年間に、女性の社会進出、単身世帯と高齢者の増加、食品工業の発達と食品流通の進歩などの影響で、加工食品が急増しました。近年は家計の貧困化が進みましたが、調理済み食品の消費は最近の一二年間で一・三倍になっています。食品の加工度が高まりますと、その栄養内容の把握は、原材料と栄養内容の表示でしか理解できません。

今は多くの人々が食料を粗末に扱い、毎年二千万トン弱の食料が廃棄されています。このような無駄は、筆者の世代の老人にはとても考えられないことです。また飽食の一方で、親が子供を飢え死にさせるというような事件がありましたが、そのような人には飢えの経験がないのでしょう。飢えることの辛さを知っていれば、とても子供にそのような思いをさせられるわけがありません。

もう一つ、日本の食が大きく変わったのは、輸入食品の大変な増加でした。動物用飼料を含めると、日本の穀物輸入量は年間約二八〇〇万トン、穀物の自給率は二七％程度、近年のカロリー計算による自給率は約三九％が続いています。なお、生鮮品や冷凍食品と共に、加工食品も中国その他から大量に輸入され、農産食品と加工食品の輸入量は、年間二千万トン以上になります。（なお、穀物とは、人が主食にする作物で豆類を含み、穀類とはイネ科の種子植物の意味です。）

5. 加工食品の時代

多くの加工食品に囲まれた現在では、基礎的な栄養知識が乏しいままに気に入ったものだけを選んで食べるような生活を続ければ、心身共に不健康になります。二〇歳代のアメリカ人は、食事の七〇％を加工食品にたよっているとされます。また、アメリカでは所得格差が拡大し、低所得層では炭水化物と油脂の過剰摂取があり、同国の肥満人口は三三％に達しました。なお、体重指数：BMI＝体重kg÷身長mの二乗が二五〜三〇を過体重、三〇以上を肥満としています。コンビニなどの発達で、日本の若者の食生活もアメリカに似てきており、成年男性の肥満率は年々増加して、そのBMIは平均で二四程度になっています。

健康を気遣う人は、自分が食べている栄養素のおおよそを知るべきであり、無関心では健康が破綻します。ここで強調したいのは、「人が健康維持のために必要な栄養素を、バランスよく食べていないために、不健康な状態、肥満、糖尿、心臓血管病などが増えている」ことです。毎年増大する医療費の抑制に最も有効な対策は、健全な食生活の普及と、運動と休息による健康な生活です。

6. 加工食品の定義と「もどき食品」

前述したように、戦中戦後は代用食の時代でした。食料不足による代用食には、例えば米飯に代わるものとして、雑穀の粉やトウモロコシ粉で作った「だんご」や「パン類似物」がありました。これらは文字通りの代用食です。しかし戦前や戦後の貧しさの中でも、ある程度の食品原料が流通した時期には、本物の加工食品に似せた「もどき食品」が数多く出現するようになりました。洋風であれ、和風であれ、それらしい食品を食べたいとの庶民のニーズがあり、それに応えた食品業界の努力の結果といえましょう。これらは偽物ではなく、多くの製品は本物と同じ名称で流通され、今日でもそのまま続いています。例えば、合成酒、魚肉ソーセージなどがそうです。

国連の食糧農業機関（FAO）は、多くの加工食品に定義や規格を定めており、FAOが定めた定義と規格をもつ食品は約二〇〇種になります。各国の食品行政は、ほぼFAOの規定に準拠して運営されています。日本にも、乳と乳製品には厳密な定義と規格があります。加工食品分野では、公正取引規約と日本農林規格（JAS規格）とがあって、食品の定義と規格が定められ、品質が保証されています。しかし、製造業者のJAS認定取得と公取規約への参加は任意であり、費用もかかりますので、特にJASマークの付いた加工食品は年々減少し、市場でも見ることが少なくなりました。

日本では、定義や規格のない加工食品が数多くあり、種々の混ぜものを含む加工食品が本来の名称で合法的に販売されています。例えば、欧米では肉製品のハムといえば、豚の腿肉が原料ですが、日本で売られるハム類は、本来のハムに類似する肉製品を全てハムと称します。ロースは背肉の意味なので、欧米には「ロースハム」(背肉の腿肉の意味)はありません。また、日本の安価なロースハムでは、異種タンパク質を含むものが主流になっています。他方で、魚肉よりデンプンが多い竹輪やはんぺん、液糖を加えた加糖蜂蜜、醸造アルコールを多量に添加した清酒なども販売されています。これらは原材料を多い順に表示していれば、本来の製品（本物）も、混ぜものが多い類似品も、同じ名称で販売できます。

戦中・戦後に発達した代用食品や、混ぜもの入りの加工食品は数多くあります。例えば、理化学研究所が発明した合成清酒、国税庁が指導した醸造アルコールによる三倍水増しの清酒、魚肉ソーセージ、植物油脂を混ぜたチョコレート（現在も日本では主流ですが、欧米ではチョコレートの表示ができません）などの類似製品が発達しました。これらは大変上手に作られており、今日でも本来の名称、例えば「清酒」「チョコレート」で販売されています。

「もどき食品」は英語でFood analogue（アナログ食品）とよび、海外では本物の食品と区別され、本来の名称を使うことはできません。その理由は前述のように、各国ともに主要な加工食品に定義と規格があり、それに合致しなければその名称を使えないからです。日本では食品衛生法によって、食品添加物と一部の食品には定義と規格があり、特に乳類と乳製品に関する規格は厳格です。

しかし日本の莫大な数の加工食品は、表示に関する法律を守る限り〝何でもあり〟の状態で、それが本物の食品と「もどき食品」が同一名で販売される原因になっています。

7. 世界の食品表示改革

最近の一連の食品偽装（食品の虚偽表示）問題の原因には、日本の食品表示制度の際だった後進性があります。世界の加工食品の表示は「消費者の商品選択を容易にし、健康維持に役立つ」ことを目指して、一部の途上国を除きほとんどの国で改革が行われました。日本では、世界各国に最も遅れて二〇二〇年から栄養表示が義務化されることになっています。

世界で行われた食品表示改革の主な内容は次の通りです。

①「分かりやすい栄養内容の表示」を行う。多くの国では理解を容易にするために、文字の表示に加えて、製品の主要面に「図案化した栄養表示」を行っています。現在、東アジアで栄養表示が義務化されていない国は、日本、北朝鮮、ラオスです。

②「水を含めた、主要及び特徴的な原料の％表示」を行い、商品の主要な構成を明らかにする。この表示法は二〇〇〇年からＥＵが義務化し、二〇一四年には東欧などの欧州各国、南米の主要国、東アジア各国など約五〇か国になりました。近隣諸国では韓国、ベトナム、タイ、マレーシア、オーストラリア、ニュージーランド、香港で義務化されています。

8．食品表示の要件と食の安全性

前項で述べた通り、加工食品の原材料や栄養内容を知る手がかりは、〝食品の表示〟です。しかし、現在の日本の食品表示制度は大変不完全で、いまだに「消費者の商品選択を容易にする」という、ほとんどの国で行われている要件が不十分です。食品表示のあるべき大切な要件は、およそ次の通りです。

①　その表示は本当で不正はないか？
②　その表示は理解しやすいか？
③　その表示によって、商品選択が容易にできるか？
④　その表示によって、健康な食生活が可能か？
⑤　その表示内容の価値は値段にふさわしいか？

これらの要件の他に日本と韓国の特殊な事情として、食品の輸入原材料産出国の表示問題がありますが、この問題は別途述べることにします。

どの消費者にも、安全で純正な食品を、適正な価格で求める権利があります。しかし、何時の世にも密かに不正をはたらく、悪徳な加工業者や流通業者がおり、原料のごまかしや虚偽表示など違法行為が絶えません。近年で影響が世界的に広がった食品不正は、二〇〇七〜〇八年に中国で起きた、メラミン添加による偽の牛乳と乳製品、飼料タンパク質の増量事件でした。

本書ではまず、①と⑤の、「その食品の表示は本当で虚偽などの不正はないか？」など、表示問題について論じます。食品で最も大切な要件は、消費者被害のない〝安全性〟です。しかし、一〇〇%の安全（ゼロリスク）はあり得ません。ゼロリスクは理想ですが、安全性を追求すればするほど食品の価格は上昇します。そして②〜④までについては世界各国の状況と比較した日本の遅れについて述べます。

参考資料

（1）西東秋男：年表で読む日本食品産業の歩み、山川出版社（二〇一一）

第１章　食品の偽装を考える

何時の世にも、人を欺して不当な利益を得る悪徳者は尽きることがありません。そして、その騙しの対象になる物品は貴重で高価であり、また利得の大きいものが選ばれ、安価でありふれたものはあまり騙しの対象にされません。諸外国に比べて日本の食品はかなり割高で、海外の三倍にもなるものがありますから、特に安価な輸入食品の国産偽装による詐欺が起こりやすくなります。

1.1　食品価格が高すぎる日本

日本の国民一人当たりの名目国内総生産（ＧＤＰ）は、一九九五年前後に世界の主要国中三位以内でした。二〇一一年には一七位でドイツやフランスと並んでいましたが、二〇一五年には二六位に下がり、金額では三万二五〇〇ドルで、イタリアと同程度でした。一人当たりＧＤＰの順位は為替レートによって変動しますが、日本の水準は西欧諸国と比べてそれほど差異はありません。欧米諸国と日本の諸物価を比べますと、日本では一般の消費財や家庭電気製品などは安価ですが、食品の高価格が際立っています。海外旅行で、他国の市場やスーパーで見る食品の安さに驚いた人は多いはずです。発展途上国に比べると、日本の農産物価格は一〇倍にもなるものがあり、特に米、野菜と果物などの価格差は目を疑うほどです。

食品の内外価格差の主な原因は、政権党の最大票源である兼業農家など、零細な農業者の収入確保のため、主要な輸入食品にかけた桁外れの輸入関税です。二〇一四年頃の一定計算方式による関税は、コンニャクイモ一七〇六%、米七七八%、落花生七三七%、デンプン五八三%、砂糖三二八%などで、税率が輸入価格の二倍を超える農産物は一〇五品目もありました。

これらの関税収入は業界団体に還元される仕組みになっており、農業団体が環太平洋経済連携協定（TPP）に反対する最大の理由になっています。政府は世界にも希な桁外れの関税率によって、国産農産物の高価格を維持し、消費者の犠牲の上に農家を保護してきました。近年、他の先進国の農業政策では、一定以上の規模をもつ意欲のある農業者を直接支払制*によって保護し、農産物価格は自由競争に任せるようになっています。例えば、EUでは農業者への直接支払制度によって、農産物価格が世界の市場価格に近づき、国際競争が可能になりました。

日本では輸入自由化が進んだとされますが、個人輸入のバターでは、例えば国際価格が四〇〇〇円／kgの場合関税三五%と、キロ当たり八〇六円の二次税率が課せられ、輸入価格は一三四六円／kgになります。他方、政府機関は三五%の関税だけで買い入れたバターを、一一〇〇円／kg程度でメーカーに売り渡して差益を得ています。コンニャクイモは群馬県の特産物ですが、一七〇六％もの関税は多分世界最高です。例えば、一〇〇円／kgで輸入したコンニャクイモの原価は一八〇六円になり、高関税で得られた差益は地元の関係団体に還元されます。この高い税率は、過去四〇年間に群馬県から総理大臣が四人も出ていることと関係があるとされます。

その一方で、多くの野菜や果物の関税は三～一〇％と低率になりましたが、国内の農家はすでに自由化の影響を克服しています。日本の野菜や果樹農家は、激しい競争のなかで技術の向上と経営努力によって、高価ではあるものの高品質の製品を出荷しています。他方、中国その他からの野菜、水産加工品、蜂蜜などは国内価格の1/2～1/3の価格で輸入できます。したがって、輸入食料を国産と詐称することで莫大な利益が得られますので、不正は止むことがありません。国産品が高価で売れるのは、消費者が輸入食品の安全性を信頼できず、国産品の品質が優れていると信ずるためでしょう。しかし、政府機関などによる輸入食品の残留農薬その他の安全性検査の結果は、国産食品と差がないことを示しています。

＊国や自治体から、農業生産者に対して直接支払われる補助金のこと。補助が十分であれば、生産者は販売価格を自由に選ぶことができ、ＥＵやアメリカでは農業の重要な政策になっている。支払額はイタリア、ドイツ、フランスでは国と農地の広さなどによるが、年間平均で農民一人当たり五〇～一五〇万円になるとされる。

1.2 日本では食品詐欺が少ないか？

二〇〇六年の「国家間の差が一八六五対二五」―この数字は何でしょうか？ 答えは、産地などを虚偽表示した食品で刑事告発された詐欺件数の、韓国と日本の比較です。韓国の人口は日本の三八％ですが、韓国には悪徳で不正を働く業者が特に多く、日本は正直者の国ということを表しているのでしょうか？ 筆者は二〇〇九年に内閣府の委託で韓国の政府機関を訪ね、同国の食品制度を調査する機会を得ました。そこでわかったことは、韓国の食品不正に対する取り締まりと罰則は、日本よりはるかに厳格であるということでした。[1] 日本では食品の不正防止はＪＡＳ法で管理され、農林水産省は業者の「性善説」を前提としているため、取り締まりは大変緩やかで不正への処罰は滅多にありません。

韓国の食品安全を管理する役所は「韓国食品医薬品庁（ＫＦＤＡ）」で、日本の保健所などに配属される食品衛生監視員に相当する職員が、食品衛生以外に食品の不正も監視します。農水省が管理し、専門職員の少なかった日本とは異なり、韓国の取り締まりは大変効率的です。冒頭の数字から、逆に「日本は食品詐欺の天国である」と考える方が自然でしょう。韓国でも日本と同様に、露見する食品詐欺の大部分が産地の詐称です。国産と輸入の食品価格に二～三倍の差があれば、国産詐称で莫大な利益が得られるからです。

1.3　国産偽装の多い日本と韓国――島国の特性

近年日本では、過度の農業保護によって農産物価格は高値に維持されています。世界の主要国の中で、日本のような島国で国境のない国はわずかです。韓国には国境がありますが、北朝鮮との間に自由な人の往来はなく、島国状態になっています。日本と韓国の食料自給率は、カロリーベースで共に四〇％程度で、食料は輸入によって支えられ、しかも輸入と国産の価格差が大きいことから、国産詐称は止むことがありません。

世界の主要国はどの国も国境で他国に接しており、一般に人の移動は自由であり、国家間の物資移動は大変容易です。ましてＥＵでは貨幣が共通で国境はなきも同然ですから、人と物資の移動は極めて容易であり、国産か否かはあまり問題になりません。

1.4　食品詐欺の種類と規模

食品詐欺は種々の不正行為の総称で、食品自体、食品原料、食品包装などについての不正行為全体を意味します。その内容は、利得のための産地詐称、中身の置き換え（置換）、安価な他物質の添加、高額成分の抜き取り、品質の改ざん、水増し、偽物、模造、生物の種と品種の詐称、嘘または誤認させる不正表示などの、計画的で意図的になされる詐欺行為です。英語では食品詐欺を

Food fraud と言います。食品に関する詐欺は、食品が商品になった時から始まりましたが、犯罪として厳しく罰せられます。高額成分の抜き取りでは、例えば、トウガラシ粉から辛味成分のカプサイシンを採取し、残りを売る例があります。どの国でも、いつの世にも悪徳業者は尽きず、摘発と厳正な処分がなければ食品詐欺は防げません。

前述の通り、輸入食品の国産詐称で大きな利益が得られる日本と韓国では、原産地の詐称が多いのですが、この種の不正は世界では例外的です。欧米では、オリーブ油、ワインやチーズなどの食品を有名な産地や銘柄に偽る例がありますが、大部分の食品不正は「中身の不正」、「混ぜもの」と「水増し」などです。つまり、中国の古いことわざにある「羊頭狗肉」の類で、「店の表に羊の頭を吊し、売っているのは犬の肉」という、食品の中身の不正です。

日本では戦後から高度成長期頃までの間、種々の偽食品が出回りました。例えば、脱脂乳や脱脂粉乳とヤシ油などの植物油脂を原料に用いた偽牛乳は、そのままや本物と混合されて、戦後の一九四五年から一九七二年頃まで、ほとんどの乳業会社で製造されました。生クリームの半分が乳脂代替の植物油脂、蜂蜜の半分以上が液糖、ハンバーグ用の牛挽き肉にくず肉などの混入、全てが人工的に作られた天然果汁などもありました。これらは「羊頭狗肉型」の食品詐欺です。

日本では市場開放（輸入の自由化）が一九六〇年代に始まり、輸入関税が引き下げられ、それに伴って種々の産物が輸入されるようになりました。食品の輸入は一九七〇年代後半から増加し始め、特に一九八六年から急増しました。多くの輸入食品の価格は安価で国産品と大差があり、さらに中国などでの輸出体制の整備によって輸出価格が低下したため、輸入品を国産と偽る利益は莫大です。また、最近は各国で食品の生産・流通体制が整備され、品質の内外格差がなくなってきたため、多くの国産詐称の不正が続いています。

食品詐欺には種々のタイプがあります。世界的に最も多い不正は「本来の食品原料を安価な代替物によって置き換える、他の物質を添加して利益を得る行為」です。この不正行為を英語では adulteration と言います。また、より正確には economically motivated adulteration（経済的動機による置き換え：EMA）と言います。アメリカの食品医薬品庁（FDA）は、EMAを次のように定義しています。「製品の見かけの価値を増したり、製造コストを減らすために、製品中に詐欺的で意図的な置き換えや添加をする行為で、製品の水増しを含む」。これらの食品詐欺やEMAには法的な定義はありません。

食品詐欺のタイプに関して、adulteration に相当する適切な日本語はありません。そこで、本書では「置き換え」、「混ぜもの」、「水増し」の用語を適宜使うことにします。

アメリカの食料雑貨製造協会の推定によると、全米で adulteration（置き換え／混ぜもの／水増し）された食品の販売は、年間で一〇〇～一五〇億ドル（一・二～一・八兆円：全体の一・五～二％）であるとしています。また世界全体の食品詐欺や置き換えは年間四九〇億ドル（約六兆円）と推定されています[2]。しかし、食品詐欺は密かになされますので、健康被害などが起こらない限り表沙汰にならないため、その正確な実態は分かりません。判明した食品詐欺の中で最も多かったのは置き換えで、九割以上を占めました。

1.5　世界的にどのような食品詐欺が多いのか

ヨーロッパでは、例えばボルドーワインやエメンタールチーズなど、原産地呼称のある食品があります。日本と違って、国々が陸続きの欧州では国境を越えた商取引が多く、一般的な食品の原産地は、商品選びの場ではあまり問題になりません。そこで、食品の不正はその中身の内容や構成に関するものが多くを占めます。世界的にはどのような不正が多いのか、アメリカで二〇一〇年に、世界の食品と食品原料に関する詐欺と経済的動機による置き換え（ＥＭＡ）についてのデータベースが開発され一九八〇年から二〇一〇年までに英語で報告された食品詐欺に関して、学術論文一三〇五件とメディアの報告記事二五一件が収集、解析されています。[3、4]このデータベースには報告書の全文（事件の内容、原材料、混ぜものとその分析法、関連文献）が記載され、後に二〇一二年までのデータが追加されました。このデータベースには、インターネットで容易にアクセスが可能です。

過去三一年間に英語で学術誌に報告された一三〇五件の食品詐欺、ＥＭＡ事例のなかで、上位七品目は、オリーブ油、牛乳、蜂蜜、サフラン、オレンジ果汁、コーヒー、リンゴ果汁の順でした。また、新聞その他のメディアに掲載された二五一件の詐欺事件の上位七品目は、魚肉、蜂蜜、

表 1-1　学術誌とメディアが報じた世界の食品不正、上位25例と全体

学術誌			メディア		
食品名	報告数	%	食品名	報告数	%
オリーブ油	163	16	魚	23	9
牛乳	143	14	蜂蜜	15	6
蜂蜜	71	7	オリーブ油	10	4
サフラン	57	5	チリパウダー	9	4
オレンジ果汁	43	4	牛乳	7	3
コーヒー	34	3	黒コショウ	6	2
リンゴ果汁	20	2	キャビア	5	2
ワイン（ブドウ）	16	2	調理用油	5	2
メープルシロップ	16	2	パプリカ	5	2
バニラエキス	16	2	米	5	2
米	14	1	サフラン	5	2
チーズ	13	1	ターメリック	5	2
乳脂	13	1	パチョリ香油	4	2
ターメリック	13	1	食用豆	4	2
植物油	11	1	リンゴ果汁	3	1
チリパウダー	10	1	ベルガモット油	3	1
ゴマ油	10	1	ギー（インド乳脂）	3	1
ココアパウダー	9	1	果汁類	3	1
苺ピューレ	9	1	ラベンダー油	3	1
蜜ろう	8	1	小麦粉	3	1
スターアニス	8	1	小麦グルテン	3	1
デュラム小麦	8	1	ワイン	3	1
グアーガム	7	1	アニス油	2	1
パーム油	7	1	ウイキョウ	2	1
パプリカ	7	1	鶏肉	2	1
全体	1,305*	100*	全体	251*	100*

＊上位25以外を含む

オリーブ油、チリパウダー（トウガラシを主にしたスパイス混合物）、牛乳・乳製品、黒コショウ、キャビアの順でした。表1-1に、学術誌とメディアがとりあげた世界における食品不正中の上位二五例の報告数、および%を示しました。

前述のように、多くの国には種々の加工食品にそれらの定義と規格があり、不正食品の取り締まりは西欧で一五〇年、アメリカでは百年強も続けられてきました。また、先進国には国際警察組織や欧州警察組織があり、各国の税関当局、食品規制組織が協力して不正食品を取り締まっています。これらの各組織による摘発が二〇一一年十一月から四か月にわたって五七か国で行われ、地下組織による偽食品が一万トン以上、不正アルコール飲料などが一千キロリットル以上摘発されました。

1.6　アメリカの食品詐欺事件の例

アメリカ政府（薬局方）は食品詐欺の抑制に努めており、事業者にそのためのガイダンス（手引書）を出しています。(5) このガイダンスには過去の典型的な食品詐欺の実例が示されており、それらの中から特徴的な事件をいくつか以下に要約しました。

・メニューフード／ケムニュートラ社事件：メニューフード社（以下、MF社）はアメリカ最大のペットフード製造業社でしたが、二〇〇七年に北米で同社の製品を食べた四万頭のペットが急性腎炎を起こし、最大で七千頭が死亡しました。原因は、ケムニュートラ社（CN社）が中国から輸入し、MF社に販売した小麦グルテンに、タンパク質の見かけ含量を増やすために、低品質のメラミンが添加されていたことでした。CN社は、最初に小麦グルテンを分析した後はチェックを行わず、八〇〇トン以上をMF社に販売しました。また中国の輸出業者は、中国当局の輸出検査を不正に回避していましたが、CN社はこの事実を知りながらMF社に対して隠蔽していました。メラミンによるペットフードの見かけタンパク質増量の不正は、この事件以前の二〇〇四年と二〇〇三～〇六年にアジアとスペインでも起こっています。

・サンアップフード社の秘密液糖室：ケンタッキー州のサンアップフード社（以下、SUF社）は、冷凍濃縮果汁を一九八五～一九九〇年に、年間一億ドル以上製造販売していましたが、同社の濃縮オレンジ果汁はその一〇～二〇％が、加水分解したテンサイ糖による水増し品でした。SUF社はこの不正を隠蔽するために大きな配電盤をドアにして、その背後に液糖タンク用の小部屋を設け、下水溝を通るパイプで製造室に液糖を引き込んでいました。この不正作業や液糖の補充は、無人の夜間に経営者が行っていました。この不正は、退社した元従業員の証言と果汁購入者の分析結果で露見しました。

・ビーチナット事件：カリフォルニア州のビーチナット社（以下、BN社）は、一九八〇年初頭にアメリカ乳児食分野で一五％のシェアを占めていましたが、一九八八年にBN社の経営者二名が連邦法違反で逮捕され、容疑は水増しされた乳児用リンゴ果汁の販売でした。「純粋リンゴ果汁」と表示した製品の中身は、水、テンサイ糖、ショ糖、コーンシロップ、リンゴ酸、着色料と香料で、この偽果汁を少なくとも五年以上販売していました。一九七七年に経営が悪化したBN社は、濃縮リンゴ果汁をいくつかの供給先から購入し、特に果汁商社のITC社から偽の果汁を市場価格より低価格で購入していました。BN社の約三〇％の果汁は偽物で、市場価格より二〇〜二五％の安値でした。安価な濃縮果汁原料と市場での悪いうわさを受けて、BN社の技術者が一九七八年からITC社の原料分析を行った結果、その不正が確実になりました。そこで、当時の技術部長は一九八一年に経営者にこの事実を報告しましたが、経営者が何らの行動も起こさなかったので、彼は翌年に退社し不正を告発しました。またこれとは別に、リンゴ加工協会もITC社の果汁原料の分析を行い、その不正を確認して告発しましたが、BN社は不正果汁の回収を行わず、一九八三年まで可能な限り三〇万ケースもの製品を売り続けました。BN社とITC社の経営者は詐欺の共犯関係にありました。BN社の社長らは罰せられ、同社は二〇〇万ドルの罰金を科せられ、また二五〇〇万ドルの損害を受けました。

・ピーナッツ・コーポレーション・オブアメリカ事件：二〇〇八年に多くの州でサルモネラ菌の感染症が発生し、原因はピーナッツ・コーポレーション・オブアメリカ社（以下、PCA社）のピーナッツバターでした。サルモネラ菌は意図的な混入ではなかったのですが、このことがPCA経営者の一部には報告されませんでした。そのため五年間以上にわたって、少なくとも七〇〇人の患者の発生があり、経営者四人が汚染食品の販売で告発されました。PCA社は異物混入で返品された製品や、細菌検査で不合格であった製品についても結果を偽って市場に出荷していました。さらに、ピーナッツの原産地や原産国の詐称が判明したり、公的検査によって種々の違反行為が指摘されました。

・牛乳の不正：一九世紀から二〇世紀初めまで、アメリカでは牛乳の不正が日常的になされていました。初期には牛乳の水増しが多く、例えば一九一三年のジョージア州の分析では、製品の半分以上が不正な牛乳でした。また冷蔵が困難であった時代には、牛乳の腐敗防止にホルムアルデヒド（ホルマリン）が使われ、ミシガン州の検査では牛乳の六％以上に及びました。他方で、途上国での牛乳不正は多く、インドでは一九一二年の政府調査で、ある地域の牛乳の八〇％以上が加水されており、〇・四％にホルマリンが検出されました。またブラジルでは二〇一一年の調査で、UHT（超高温瞬間滅菌）牛乳の四四％にホルマリンが検出されています。その後、牛乳不正の方法はますます巧妙化し、その検出技術との追いかけっこが続けられました。初期には牛乳の比重が測定され、屈折率や凍結温度の測定が行われましたが、その検出はグルコースなど糖の添加で回避できます。そのため、現在も途上国では偽の乳脂による牛乳の水増しが続いています。

1.7　日本での食品詐欺防止体制

前述のように、多くの国々には種々の加工食品にそれらの定義と規格があり、不正食品の取り締まりはアメリカで百年強、西欧で一五〇年も続けられてきました。しかし、日本ではこの種の「混ぜもの・水増し」が摘発される例は滅多になく、また混ぜものがあっても表示すれば合法ですので、食品不正への消費者の関心はあまり高くありません。また日本では、食品の不正を監視する公的機関が不十分ですが、現在、都道府県全体でＪＡＳ制度の担当員が約四〇〇人います。また、農林水産省の食料管理制度の廃止で、食品表示監視専門官（食品表示Ｇメン）の制度ができ、二〇〇三年に元米穀検査員の約二千人が配置転換されました。その後、食品表示Ｇメンの数は減少しましたが、本庁と全国の農政事務所に所属する監視専門官は、二〇一三年には約一三〇〇人になりました。これらの食品表示Ｇメンはその後、ＪＡＳ法違反の食品偽装事件で活躍しています。[7,8]

1.8　食品詐欺と安全リスク

食料の生産者から食品の加工や流通、供給までの一連の過程では多くの場所で不正が行われる余地があります。これらの食品詐欺はほとんどが不当利得のためであり、食品の安全への配慮が不十分なのが一般的です。そのため、ほとんどの食品詐欺では置き換え、水増し、混ぜものによって食品の本質と純度が失われています。詐欺の場では、品質保証や品質管理がなされず、消費者への被害予防や衛生的な配慮は不十分で、公衆衛生に対するリスクが伴います。二〇〇七～〇八年のメラミン事件はその典型でした。それまでは、メラミンが食品不正に用いられることはほとんど予測されていませんでした。しかし前述のように、一九七七年、飼料原料のフィッシュミールについて、見かけタンパク質含量の増加のためにメラミン添加が行われました。また、二〇〇七年に起きた北海道苫小牧市のミートホープ社の事件では、大量の牛ミンチ肉がくず肉などで増量されましたが、加熱殺菌が行われたために健康被害はありませんでした。

メラミン事件のような不正行為や、偽葡萄酒の品質向上のためのジエチレングリコール（自動車の不凍液原料）の添加は、それらの健康被害で不正が判明しました。しかし、大部分の置き換え行為では健康被害が起こらず、それを知るものは犯罪者本人だけですから、多くの不正は発覚せずに続けられることになります。

1.9　日本の不正表示食品

ＪＡＳとは日本農林規格（Japanese Agricultural Standards）の意味で、「農林物資の規格化及び品質表示の適正化に関する法律」を、ＪＡＳ法と呼んでいます。農林水産省と都道府県は生鮮食品と加工食品について、ＪＡＳ法の定める品質表示の違反を調べ、表示が適正でないものを**指導**します。指導に従わないものや違反の程度が高いものには改善を**指示**します。指示に従わないものには改善を**命令**し、それにも従わないものには**罰則**が科されます。

二〇〇〇～二〇一四年度（平成十二～二十六年）の一五年間に、消費者庁と農水省からJAS法の改善指示を受けた件数は一〇三三件ありました。二〇一二年までの一三年間になされた改善指示九四八件の内容は、国が行ったもの三七〇件、都道府県によるものが五七八件でした。違反の摘発件数は、BSE（狂牛病）事件の前年の二〇〇〇年度はわずか三件でしたが、事件の年の二〇〇一年度に激増して九五件、二〇〇二年度は一二〇件になりました。その後、二〇〇八年度の違反は一一八件で他の年の約二倍になりましたが、これはミートホープ、三河一色産ウナギ、三笠フーズなどの事件の影響と思われます。

二〇一二年までの一三年間に九四八件あった改善指示件数の内訳は、米二六六（二八％）、水産物一五一（一六％）、畜産物一一三（一二％）、農産物六八（七％）、加工食品三八二（四〇％）でした。また改善命令を受けた例は一二件で、米の表示違反が八件でした。指導を受けた原因で最も多かったのは、原産地の表示違反でした。また二〇一〇年以降の五年間に、食に関わる刑事事件は年間二〇～三六件で、合計一三〇件中の産地虚偽表示は七三件と、全体の五六％を占めました。しかし、これら違反の摘発件数は韓国などに比べて極めて少なく、二桁の差違があり、日本の取り締まりの緩さが分かります。

「食品偽装ドットコム」というサイトがあり、二〇〇二～一〇年の食品偽装（不正表示）のデータベースによると、全体約一一〇〇件のなかで多いものから順に、米一六二件（一五％）、牛肉一二二件（一一％）、うなぎ四八件（四％）、豚肉三八件（三・五％）、タケノコ三六件、リンゴなど果物三五件、貝類三一件でした。以下、そば、フグ、魚種の詐称、野菜山菜、茶、蜂蜜、うに／いくら、えび／かに、水産加工品、有機食品、麺類、鶏肉などがあげられていました。

1.10　食品偽装と食品詐欺

海外では「食品詐欺」とよばれる種々の不正を、日本では一括して「食品偽装」と称するようになりました。〝偽装〟の意味は、例えば『広辞苑』では「ほかのものに似せて人の目を欺く、特に戦場などで攻撃を避ける行為（カモフラージュ）」ですから、この語に本来は〝不正〟の意味がありません。また種々の食品不正を「偽装」と表現することには、論理的に無理があります。例えば、エビの〝ブラックタイガーを車エビに偽装〟することは、外見上できません。また産地を偽る場合〝茨城産コシヒカリを新潟産コシヒカリに偽装〟しても、米の本質である成分や食味に差は出ません。〝中国産の水煮タケノコを秋田産に偽装〟の場合も、中身は同じタケノコですから、本来、偽装とは言えません。これらの場合、エビについては「詐称」か「虚偽表示」、産地の偽装では「産地の詐称」、「産地の虚偽表示」が正しい表現です。

「偽装」の用語の出所は、多分農林水産省であろうと思われます。食品の表示違反などの不正行為を取り締まる政府機関は、主にＪＡＳ法を管理する農水省ですが、ＪＡＳ法は食品に関連する業者の「性善説」を前提にして立法された経緯があるからです。戦後にＪＡＳ法ができるまでは、食品の不正取り締まりは警察（内務省）の仕事でした。JAS法の制定以降、その違反取り締まり業務は主に農林水産省に移りましたが、同省の取り締まり組織はなきも同然で、法の執行も不備のままであり、いわば無警察の状態が続きました。

中国から輸入したアサリや水煮タケノコを国産と偽って、消費者から数十億円の大金を詐取しても、JAS法では「改善指示」の行政処分を公表するだけでした。頻発したこれらの行為は食品詐欺ではなく〝食品偽装〟とされ、農水省の扱いは〝犯罪〟ではありませんでした。後に、産地詐称は指導や指示を経ないで直ちに罰することになりましたが、当然の措置といえましょう。食品詐欺に関しては厳正な処分が必要で、**食品偽装の用語は廃止すべき**です。

1.11　食品の中身に不正がないか

序章で、なぜ日本には「もどき食品」が多いのかを説明しました。これらのもどき食品は名称が本物と同じであっても、中身の内容が表示されていれば不正ではありません。一方、実態はほとんど不明ですが、日本では産地詐称以外に「中身の置き換え」による食品不正が、先進国のなかでもかなり多いのではないかと疑われます。このことは、過去に公正取引委員会が発表した景品表示法違反の商品中で、置き換えによる食品の不正が多いことからも推測されます。先進国のなかで、日本ほど消費者がこの種の偽食品に気づいておらず、政治と行政に消費者保護の視点が不足している国は、多分ないだろうと思います。

1.12　メニューの虚偽表示は気軽にできた

二〇一三年秋から相次いで発覚した、ホテルやレストランのメニューに関する食材偽装事件（虚偽表示）は、その年の十二月の発表で二三の業界団体、三〇七事業者におよびました。また、この種の不正は飲食店の料理だけでなく、市販の弁当類でも行われていることが判明しました。生活必需品である家電製品、自動車などの説明に虚偽があれば、消費者の安全に重大なリスクが発生しますから、それらは厳格に管理され消費者は保護されます。しかし、食品に関しては中毒などの事件が発生しない限り、そのメニューや表示内容に虚偽があっても大事に至りません。

ＪＡＳ法による農林水産行政では、ホテルやレストラン業界の管理は管轄外です。過去に公正取引委員会（公取委）は外食で提供される食事メニューの虚偽表示に、「優良誤認」で改善を指示し、また不当表示防止法違反で排除命令を行いました。しかし、高級店での虚偽表示摘発は希で、メディアの報道もほとんどありませんでした。また公取委の監視範囲は狭く、この業界は見過ごされていました。ホテル・レストランでの食事提供の業務では、食品衛生監視員による衛生管理のチェックは行われますが、それ以外の公的な管理は希薄です。

有名ホテルなどの高級料理店でなされた虚偽表示の例を列挙しますと、ノーブランド牛を「前沢牛」、慣行栽培の野菜を「有機野菜」、ノーブランドの豚を「沖縄産」、ブロイラーを「京都地鶏」、ブラックタイガーを「車エビ」、牛脂注入肉の「ビーフステーキ」、解凍魚を「鮮魚」、濃縮還元の「フレッシュジュース」、チリ産の「北海道スモークサーモン」、普通のネギを「九条ネギ」、オマールエビを「伊勢エビ」など、多数の例がありました。この業界では、原材料内容の真否については無規制の状態であったために、虚偽表示が気軽にできたことが実情と思われます。事業者と調理人に、〝どこでもやっているし、処罰がない〟という安心感と、高級ブランド品にあこがれる消費者への侮りがあったと思われます。

様々な欺称事件を鑑み、二〇一四年一月に、農水省の食品表示Ｇメンなどを消費者庁の職員として一時的に併任させ、景品表示法によるレストラン、百貨店への監視業務を行うことになりました。しかし、人員は約二〇〇名で監視業務は半年程度とされました。これでは消費者保護に対する本気度が疑われます。

1.13　食品の不正と健康被害（食品の安全性）

前述の通り、戦前と敗戦後の五年ほどは、不正食品の取り締まりは警察（内務省）の仕事でした。戦後は厚生省が食品衛生法を作り、最近は八千人を超える食品衛生監視員、種々の必需品の安全に関わる数千人の自治体の監視員が、食品の安全確保に努めています。二〇〇一年の狂牛病（ＢＳＥ）

発生以降は食品衛生法による安全管理が強化され、また食品衛生法の違反はかなり厳しく処罰されるようになりました。

食品で最も大切な要件は、消費者への健康被害がないことです。一〇〇％の安全（ゼロリスク）はあり得ませんが、しかし現在、日本人は世界でも有数の安全性の高い食品を摂っています。人口が五千万人を超える国で、食中毒による死亡がゼロの年がある国は日本だけでしょう。アメリカでは毎年三千〜五千人、フランスでは五〇〇人が食中毒で死亡しています。海外では食品の不正が安全性の問題に発展する例が多いのですが、日本の食品の安全性は極めて高い水準にあります。

一方で、食品の中身に関する規格や原料の表示は、農林水産省の日本農林規格（ＪＡＳ法）によって管理されています。実際は数多くの不正が行われましたが、ＪＡＳ法違反で処罰された業者は近年まで皆無でした。先進国のなかで日本ほど、食品の不正に関して消費者の関心が低く、行政による消費者保護の視点と対策が遅れた国はありません。このことは、二〇〇九年春に内閣府が行った、主要各国の食品制度調査などの結果でも明らかです。[7] 二〇〇九年九月に消費者庁ができて、食品衛生法とＪＡＳ法の食品表示に関する仕事はこの役所に移され、一元的に管理されています。しかし、法の執行を担保する取り締まりの任務は、元の厚生労働省と農林水産省に残されたままです。

農林水産省関連の試験機関に、農林水産消費安全技術センター（ＦＡＭＩＣ）があります。ＦＡＭＩＣでは、多くの食品類がＪＡＳ法に従って正しく製造され、表示、流通されているかをチェックしています。しかし、食品部門の技術員二百数十人では莫大な数の食品を検査することは不可能です。

1.14　改善は少しずつ進んだ

前述したように、多くの輸入食品は国産品の1/2～1/3の価格で輸入されます。そこで原産国詐称で莫大な利益が得られるため、この種の詐欺は絶えることがなく、消費者は大きな損害を受けています。また、大多数の食品関連企業は法令を遵守して業務に努めていますので、不正行為をする業者の存在は公正な競争を損ない、正直な企業は大変な迷惑を被ります。また企業による不正の報道によって、消費者は多くの企業が不正をしているとの印象を強めることにもなります。

西欧では不正食品の排除に対し長年の歴史があり、処罰は厳正に行われます。他方日本では、過去にＪＡＳ法違反で罰せられた事業者がなかったことからもわかるように、〝業者は性善である〟との前提で、不正があっても改善の指導や指示で済まされました。魚介類や野菜などの輸入品を国産と偽って、消費者から十億円を超える大金を詐取しても、改善指示の行政処分で済まされた例が数多くありました。これではいつまでたっても食品詐欺がなくなるはずがなく、消費者保護の視点が欠けていました。しかし、二〇〇三年に農水省内に「消費安全局」が新設され、同年の食品表示Ｇメン制度の発足や食品表示ウォッチャー制度の新設などで、消費者保護の姿勢が強まりました。

また、先にも述べましたが、二〇〇九年には消費者庁が発足し、日本でも消費者保護の体制が少しずつ強化されてきています。

参考資料

（1）藤田哲：革新が進む世界の食品表示、主要国の動向（7・8）、食品と科学、52（4）七六-八三、（5）八四-八六（二〇一一）
（2）C. K. Sand, Strategies to Halt Package Fraud, *Food Technology*, 76 (1), 76–78 (2016)
（3）J. C. Moore, J. Spink, M. Lipp, Development and Application of a Database of Ingredient Fraud and Economically Motivated Adulteration from 1980 to 2010. *J. of Food Science*, 77 (4) R118–126 (2012)
（4）R. Johnson, Food Fraud and Economically Motivated Adulteration of Food and Food Ingredients, Congressional Research Service (USA), Jan. 10, 2014.
（5）United States Pharmacopeial Convention (USP) Food Fraud Database, and National Center for Food Protection and Defence (NCFPD) EMA Incident Database.
（6）IFT The Weekly: April 20, 2016.
（7）新井、中村、神井：食品偽装、ぎょうせい（二〇〇八）
（8）中村啓一：食品偽装との闘い、文芸社（二〇一二）

第2章　食品不正の実態

本章では、主として日本国内で起こった食品の不正事件に関して、農林水産省、都道府県、消費者庁、公正取引委員会などのプレスリリースに基づいてまとめました。個別内容の詳細はインターネット上で、年度と時期、食品名、事件名や企業名などを入力すれば調べることができます。また、メディアからの情報は、主に朝日、読売、毎日新聞の三紙によっています。

2.1　牛肉の話——食品行政を変えたＢＳＥ事件

(1)　ＢＳＥ（狂牛病）事件とは

日本で食品詐欺への取り締まりが強化されるきっかけになったのは、二〇〇一年のＢＳＥ（狂牛病）発生後の国産牛肉の買い上げにまつわる、業界ぐるみの不正でした。

二〇〇一（平成十三）年九月に、国内でＢＳＥ（狂牛病：牛のスポンジ状脳症）に罹った乳牛が発見され、国民の不安が一気に高まりました。仔牛の餌に牛の肉骨粉を与えるという、いわば共食いの結果であるＢＳＥは、肉骨粉の再利用で次々に牛に伝染しました。肉骨粉とは、牛肉の生産で発生するくず肉や内臓と骨を、加熱乾燥させて粉にしたものです。肉骨粉は栄養価が高いので、生後間もない仔牛に与えられる人工乳の原料として使われました。タンパク質の一種であるプリオンは、一三五℃以上の高温で処理しないと不活性化されないので、それまでの肉骨粉の製造温度では無害化できませんでした。

世界で約一九万頭のＢＳＥ牛のうち英国での罹患率は九七％で、健康な牛を含めて三七〇万頭以上が二〇〇一年に焼却処分されました。発見から一〇年後に世界のＢＳＥ発生は、二〇一〇年四五頭、二〇一一年二九頭、二〇一二年一二頭と減り続け、二〇一四年以降は数頭になりました。日本で二〇一一年までに確認されたＢＳＥ牛は三六頭で、二〇〇九年が発生の最後になりました。発病原因は輸入された肉骨粉が原因とみられました。しかしその後の研究で、感染した牛の半数近くが、一九九五年末にオランダから輸入された牛脂を原料にした仔牛への代用乳による可能性が強いとの指摘がなされました。牛脂のプリオン汚染は予測が困難でした。

ＢＳＥの牛の脳などを食べた人が異常プリオンに感染しますと、その人の脳は海綿状になり、悲惨な病態で終には死に至ります。同じ様な病気にクロイツフェルト・ヤコブ病（ＣＪ病）がありますが、ＢＳＥ牛からの感染症は、変異型クロイツフェルト・ヤコブ病と名付けられました。ＣＪ病は難病であり、日本でも年間約二〇〇人がこの病気で亡くなっています。変異型ＣＪ病による死者はイギリスが最多で、一九九五〜二〇一一年で推定一七六人、フランスで二五人、世界では二二五人でした。しかし日本では様々な予防対策の結果、国内でこの病気に感染する確率は一億分の一以下とされています。

日本は一九九六年まで欧州の肉骨粉を輸入していましたので、BSEの国内発生が予想されていました。一九九六年春には、世界保健機関（WHO）から、肉骨粉の使用を禁止すべきとの警告があり、農林水産省は各県に対しわずか六行の通達で、同年六月以降の肉骨粉飼料の使用禁止を指示しました。しかし、何の追跡検討もされないまま、五年後にBSE牛が発見されました。アメリカの畜産業界は九六年に自主的に肉骨粉使用を止め、翌年に政府が法律で禁止しています。

日本では使用禁止の政府通達のあった一九九六年の四、五月に、飼料業界は肉骨粉の原料在庫一掃のために増産を行い、農林水産省はこれを黙認しました。そして二〇〇一年六月、EUが警告した日本でのBSEリスクの予測に対し農林水産省はこれを否定しましたが、その三か月後に予測が現実になりました。また、BSE牛の発見後に病気で死んだ八万頭の牛の検査が行われず、これらの中に一五〇頭程度のBSE牛がいたと推定されました。このことは、「六〜七才で病気になった牛は出荷されず、病弊牛として処分され、BSE惟患を表に出さなかったのではないか」と強く疑われます。結局、農林水産省は感染源を調査するといいながら、病弊牛の検査には手をつけませんでした。四頭目のBSE牛を食肉ルートに乗せた北海道の女性獣医師は自殺していますが、責任の重さのためだったのかもしれません。

ＢＳＥの危機管理への無策、発生後の大混乱と税金の浪費、国中で一兆円にもなる損害に、農林水産省の解体・再編成論が起こりました。しかし同省では誰一人責任をとらず、事務次官が二か月間の減給二〇％の処分を受けましたが、この事件は農林水産省だけの責任ではありません。ＢＳＥを〝対岸の火事〟としか見ていなかった生産者と農業団体、飼料業界にも責任があると思います。

(2) 食の安全を管理する海外行政機関の改組

イギリスの旧農業水産食料省は、生産者偏重と秘密主義でＢＳＥを常に過小評価したと非難され、二〇〇〇年に解体されて「環境・食料・農村問題省」に改組されました。同時に、同省の食品部門と保健省の一部が移されて、新しく「食品基準庁（ＦＳＡ）」が発足しました。食品基準庁は主に食品安全を管理する行政機関です。公選された委員による運営がなされ、政治、団体、企業の圧力からの独立性が高く、三年後には市民の七五％から信頼を得ています。ＦＳＡの初代長官」・クレブス卿は、「正直であること、一〇〇％安全だといわないことが信頼回復の秘訣」といっています。

ＢＳＥ事件後に、ドイツでは、農業省が「消費者保護食料農業省」に改組されました。韓国では農林水産部（省）が農林畜産食品部と海洋水産部に改組され、フランスには「食品衛生安全庁」ができました。日本の農林水産省では改組はなく、消費者行政と安全管理を担う部門として、消費・安全局が新設されました。

(3)　農林水産省は産業振興の役所

日本の農林水産省は農業と林業、水産業を支援し、国有林を管理する官庁ですが、消費者保護の考えは不十分でした。JAS法は何回かの改正で消費者保護の傾向が強まりましたが、この役所は業者の詐欺行為に対し、改善の指導や指示をしても、罰したことは過去にありませんでした。BSE事件発生当時、「ここは農林水産省であるから、消費者保護への関心が低くて当たり前」と言う官僚がいました。

本格的な消費者行政のための官庁は、二〇〇九年九月発足の消費者庁から始まりました。食料は国民にとって一日も欠かすことのできない最重要物資です。しかし、先進各国の「食」の行政を管理する省庁のなかで、その名前に「食品」か「食料」が付いていない国は、おそらく日本だけでしょう。そのことにも、「食」に対する意識の低さがうかがわれます。食品安全委員会は安全性の評価機関であり、行政機関ではありません。

(4)　雪印食品事件、BSE事件に関わる企業の不正

BSE事件が起こした波紋は食品の安全問題に止まらず、長年続いた生産者と流通業者による、種々の不正が暴かれるきっかけにもなりました。BSE事件の四か月後に雪印食品が犯した不正

の告発に始まって、それまで隠ぺいされていた食品の不正や詐欺が、一気に報道されました。

牛肉の安全確保のため、と畜される牛は二〇〇一年十月一八日からＢＳＥ検査が義務化されましたが、それ以前に処理された国産牛肉は、全て政府の買い上げ対象になりました。また、ＢＳＥ事件後は牛肉が売れなくなり、業者は大量の在庫を抱えたため、全国的にさらなる不正が起こりました。畜肉会社やハム会社は、国産牛肉と共に売れ残りの粗悪な輸入牛肉を国産と偽って、政府に売りつけようとしました。自分達の不良在庫を一掃して税金を詐取する企てでした。集められた牛肉は、肉が国産か輸入かは化学的検査が不可能で、書類に頼るしかなかったため形式的であったとされますが、農林水産省や農畜産業振興事業団係員の検査が行われました。

二〇〇二年一月末、神戸の一宮冷蔵（株）社長のＭ氏は、雪印食品の社員が段ボールに入った外国産の牛肉を国産の箱に詰め替えるのを認めてこれを告発しました。雪印食品は三〇トンの輸入牛肉を国産と詐称して、二億円弱の税金詐取を意図していました。この不正事件で雪印食品は解散し廃業しましたが、その後、日本食品や日本ハムなど多数の畜肉会社でも、同様な不正が発覚して処罰を受けました。しかし、農林水産省の監督部門と親密であったいくつかの会社では、事前に情報を得て申請を取り下げたり、自ら焼却処理を行って証拠を隠滅し、罪を免れようとしたものがありました。これらの会社が申請を取り下げた牛肉の量は一三六〇トンに達しました。

一宮冷蔵は業界の不信を受けて取り引きが減り、また営業上の機密漏洩行為に対して、通産大臣から営業停止処分を受けたために倒産しました。しかしＭ社長の行為がなかったら、その後もこのような業界ぐるみの不正が続いたと思われます。その後、内部告発を恐れて自社の法令遵守を見直した企業は多く、かなりの不正が減少したとみられます。なお、一宮冷蔵は支援者の協力を得て、後に会社が再興されました。

(5)　農林水産省と国産牛肉買い上げ制度の悪用

雪印食品など畜肉会社の詐欺事件を受けて、農林水産省は買い上げ牛肉一万二六〇〇トンのうち、焼却されなかった五八〇〇トンの牛肉について、全箱の検査を行いました。その結果、申請した三六五社中一二一社が、対象外の輸入肉一四〇トンの買い取りを申請していました。またこれとは別に、事件後の二〇〇四年四月以降、驚くほどの詐欺事件が明るみに出ました。大阪府警は、大手の食肉販売会社「ハンナン」グループの経営者で、大阪府食肉事業協同組合連合会（府肉連）副会長のAを詐欺容疑で逮捕しました。二〇〇一年十一月に、同グループが抱えていた輸入牛肉六〇〇トンを国産として買い上げを申請して六億円を詐取し、全箱検査の前に焼却したとする容疑でした。

農林水産省畜産局の幹部と交際のあったAは、事前に同省の対策を知る立場にあり、重要な対策は同省からAに連絡があったとされます。そこで、市中から輸入牛肉や国産牛肉をキロ当たり五〇〇円で買い集め、政府に一一〇〇円で買い取らせました。さらに自分が会長を務める全国同和食肉組合（全同連）から牛肉一六〇〇トンを政府に買い上げさせ、全箱検査前に焼却するなどの正を行いました。その後、捜査の進展でさらにＡの不正がわかり、計三回も起訴されました。不正受給は、全同連が三九億円、府肉連は一一・四億円、計五〇億円に達し、全体で関係者二六人が起訴されました。Ａの罪は九・六億円の詐取、約六億円の補助金適正化法違反、証拠隠滅で、二審は懲役七年の判決でした。さらに控訴審の結果として、二〇一五年に最高裁の判決が確定し、Ａに六年八か月の懲役が科せられました。

また二〇〇四年秋に、名古屋の食肉卸業「フジチク」の不正が摘発されました。国産牛肉買い上げ制度における同社の申請に、四五六トンの架空申請があったとの容疑で起訴されたものです。フジチクは対象の肉を焼却済みとしましたが、過去のＢＳＥに関わる牛肉不正のなかで最も悪質なものとされました。これほど多くの不正が行われた原因は、農林水産省の行政がずさんで場当たり的であり、しかも業界に好都合な買い取り制度であったためです。また、業界と農水官僚との癒着も見過ごされました。官僚は誰も責任をとらず、罰も受けず、数年たてば転勤し、何事もなかったかのようになっています。

(6)　ＢＳＥ事件で消費者行政が変わった

二〇〇二年一月末の雪印食品事件以前の三年間に、国内の主要な新聞、テレビ、週刊誌などメディアに報道された食品詐欺事件は、筆者の記憶では五件でした。それらは、銘柄米の詐称、偽の黒豚製ハム、途上国からの輸入品の国産詐称でした。しかし、雪印食品事件からその年の末までの一一か月間に報道された食品詐欺の報道は、筆者の切り抜きだけで二一一件に上りました。このような事件の背景には二つの原因が考えられます。日本人は元来かなりまじめな民族ですが、「不正行為でも、みんなでやれば怖くない」という集団意識から、業者間に「表示違反は犯罪である」との自覚が乏しかったこと。また、過去には「告発に対する逆被害」の恐れから、不正の告発に大きな勇気が要りましたが、内部告発への抵抗感が減ったとみられ、また後には、内部告発者に対する保護制度ができました。

マスメディアは好んで不正や犯罪のニュースを流しますが、大新聞などのメディアは、大きな広告主の不正のニュースは見過ごす傾向があります。メディア最大の収入源は広告収入で、例えば、大新聞の全面広告は四～五千万円もするので、広告主は大事な顧客だからです。

(7)　全頭検査は非科学的で、消費者への迎合であった

国内でのＢＳＥ牛の発見を受けて、リスク管理方法の一つとして二〇〇一年十月十八日から、と畜される牛の全てでプリオンの検査が行われることになりました。日本の検査は、牛の脳から試料を取って異常プリオンの有無を調べる方法です。しかし、異常プリオンは脳以外に脊髄、扁桃、眼球、回腸でも感染しており、脳の検査でＢＳＥが発見される確率は約七割とされ、残り約三割の脳以外のプリオン感染は見逃されますから、安全性を確認できません。またプリオンの感染は生後三〇か月以降、四八か月（四歳）頃から起こるとされますから、ＥＵでは四八か月以上の牛を

検査していました。しかし、日本の牛の過半数を占める肉用牛は三歳以下で処分されますから、ほとんどのＢＳＥ検査は無駄に行われたことになります。

最も確実なＢＳＥの予防対策は、脳と脳以外のプリオン感染危険部位の完全な除去であり、日本以外の国では若い牛への検査を行わず、牛の全頭検査は日本以外に例がありませんでした。また、脳だけの検査ではＢＳＥプリオンの感染リスクが避けられないにもかかわらず、この非科学的な制度は都道府県や主要都市で続けられました。日本だけがこの不完全な制度を二百数十億円もの莫大な費用をかけて続けた目的は、全ての牛が検査されるので安全であるという、消費者に対する安心対策であったとされます。

その後、厚生労働省は二〇〇五年に省令で全頭検査を廃止し、生後二一か月以上の牛の検査を勧告しました。しかし、すぐに廃止した自治体は一つもなく、それから八年後の二〇一三年六月末になって、やっと全自治体が一斉に検査を廃止しました。その後は生後四八か月以上の牛だけを検査することになり、検査の数は従来の二～四％と大幅に減少しました。今日までに牛肉の消費を減らさず、一人の被害者もださなかったのは、プリオン感染の危険部位を完全に除去したためでした。なお生後四八か月以上の牛とは、主として乳量が減って役割が終わった乳牛です。

以上の通り、世界のＢＳＥリスクの排除は、脳や脊髄などの危険部位の確実な除去で行われました。危険のある物事に対して安全が確保できれば、安心することができます。しかし、全頭検査は**「安心のために安全が偽られた」**奇妙な事例だったといえます。多くの労力と費用をかけて、意味のない検査が一二年近くも行われた結果として、日本の消費者の多くが「牛肉の安全は全頭検査で確保されている」との誤った認識を抱き続けました。政府は消費者に早い段階で、事の真実を丁寧に根気よく説明すべきでした。無駄にかけた多大な労力と費用は、消費者に実害のある食肉中の抗生物質検査など、もっと大切で実効力のある使途に用いられるべきでした。このような無駄な制度を続けた行政にも責任がありますが、本当にそれが意味のあることなのか監視できるような厳しい目を持つ賢い消費者でありたいものです。

(8)　その後の牛肉不正

食品の表示違反で米穀に次いで多かったのは、牛肉の由来詐称です。BSE事件以前は、輸入牛肉が国産に偽装（詐称）され、BSE事件後は全頭検査が始まるまで、国産牛肉を輸入品と詐称する事例が数多く起こりました。雪印食品の事件が起こった二〇〇二年に、農水省が発表した主な牛肉の品質表示違反は二二件でした。それらの不正の内容は次の通りで、この種の不正はその後も数多く行われ、毎年類似する不正が摘発されています。

- 輸入牛肉の国産詐称（偽装）
- 輸入牛肉を讃岐産、熊本産、神戸牛、米沢牛など有名産地に詐称
- 国産の廃乳牛（ホルスタイン種）を和牛と詐称

・交雑種やホルスタイン種（牡仔牛）を和牛と詐称

2.2 ウナギの話――過去に国産は二～三割だった

(1) ウナギと日本人

日本は世界最大のウナギ消費国です。また、ウナギほど産地が偽られる産物は他にありません。海で漁獲された稚魚のシラスウナギは養殖で成魚にされますが、二〇一三年には稚魚のシラスウナギの漁獲が激減して価格が一〇倍以上に上昇し、またその減少で絶滅が危惧されています。ウナギは二〇一四年に国際自然保護連合によって絶滅危惧種に指定され、存続保護のために飼育する稚魚数が制限されて、二〇一四年からは稚魚数の増加が認められています。

ウナギは回遊魚で、サケとは逆に海で卵を産みます。成長した日本のウナギ（ジャポニカ種）は、グアム島やマリアナ諸島の西側、マリアナ海嶺で産卵するとされ、育った稚魚のシラスウナギは黒潮に乗って東南アジア、中国、台湾、日本へと流れつきます。河口から川上に上った稚魚は川で五～一〇年かけて成長し、中には一・五mになるものがあるとされます。

二〇〇〇年頃に日本のウナギ消費量は年間一五万トン程度でしたが、二〇〇五年頃に約一〇万トンになり、二〇一〇年は七・四万トンになりました。その後は価格の高騰でウナギの消費は激減し、二〇一四年には国産が一・八万トン、中国と台湾からの輸入が約二万トンで、最近はほぼ同様の状況が続いています。この間のウナギの輸入では生魚が少なくなり、大部分は加工して蒲焼きにしますが、加工ウナギも統計では生魚に換算されています。なおウナギの漁獲量は中国が最大で、二〇一四年には約二二万トンとされました。

ウナギの輸入統計や日本養鰻漁業協同組合の発表によると、二〇一〇年頃まで日本で売られるウナギの原産地の七～八割は外国産でした。しかし、ウナギの蒲焼き売り場では、中国産、台湾産と明示した商品をあまり見かけませんでした。つまり、日本では産地を偽るウナギの詐欺が横行していたことになります。現在、東アジアの国々で養殖されているウナギのほとんどは、同じジャポニカ種なので、原産地の判別はDNA分析ではできません。

過去には河川にコンクリートの護岸が少なく、自然の状態を保った川が多かったので、日本では天然ウナギの漁獲が年間二千トン程度ありました。しかし、その後は天然品が次第に減少し、二〇〇一年に六八〇トン、二〇一〇年には二五〇トンに減りました。ウナギ養殖の歴史は古く、シラスウナギが捕れた浜名湖付近で、明治の中頃から生産が始まりました。浜名湖はウナギの名産地になり、過去には湖の東側で盛んな養殖の風景が新幹線の車窓から眺められたものです。一九八〇年頃は養殖の国産ウナギが四万トン弱生産されていました。その後、国産ウナギが減少したのは、八〇年代の台湾産ウナギの輸入、九〇年代には中国産ウナギの輸入が増えたためです。国産ウナギの生産は二〇〇〇年代は約二万トン、二〇一〇年以降は一・七万トン程度になり、産地は多い順に鹿児島県、愛知県、宮崎県、静岡県、高知県でした。

現在の国産ウナギは、温室のなかで水温を二八℃程度に保って養殖されますが、熱帯の台湾南部や中国南部のウナギは池で養殖されます。養殖の密度（魚の数）は、一坪当たりで日本はおよそ二五〇匹、台湾三〇匹、中国一五匹とされます。外国産のものは原価が安いので、輸入された生ウナギの価格は二〇〇〇円／kg程度と、国産ウナギの二四〇〇〜二五〇〇円／kgに対し割安です。なお、ウナギを蒲焼きにすると重量が減るため運賃は生魚よりはるかに安く、生うなぎ換算で価格はkg当たり約二千円と、国産の半値以下でした。しかし最近は輸入品の値上がりで、国産と輸入の価格差は縮まっています。

(2)　巧妙なウナギの産地詐称――消費者はどれくらい詐取されたか

国産と輸入の蒲焼きの風味や品質の差は、専門家でも分からないとされますので、多くの輸入ウナギが「国産」に変わるのは、当然の成り行きといえましょう。しかし二〇一〇年までの八年間に、ウナギの不正で改善指示などの行政処分を受けた業者は三三社に過ぎませんでした。

スーパーなどでは、中国産のウナギの蒲焼きを売る店がありますが売れ行きは悪く、「ウナギは国産でなければ売れない」といわれました。過去には国産ウナギは全体の三割程度でしたが、店頭ではあまり輸入品を見かけませんでした。元々同じウナギで品質に差がないのですから、どれを食べても同じはずです。しかし、産地の虚偽表示で価格の六割、キロ当たり三〇〇〇円も詐取されたとすれば、消費者にとって許せない犯罪でしょう。二〇〇〇年の生魚換算の蒲焼き輸入量は、中国産が六万トン、台湾産が一万トンでした。仮に五万トンの輸入蒲焼きが国産に化けたとすれば、消費者は一五〇〇億円を詐取されたということになります。

(3) 業者に親切な農林水産省の調査

JAS法を管理する農林水産省も、ウナギの不正を放置できないとみたのでしょう。二〇〇三年の夏に国産表示のウナギ加工品（蒲焼き）を、小売店と加工業者から一・九万点買い上げて、帳簿その他を調べました。また、「国産」の表示がされた商品八〇点についてDNA検査を行いました。調査の結果、小売店の調査品では九八％が適正な表示をしており、表示が適正でないものは三五八商品（二％弱）でした。適正でない表示の理由は、原材料名の不備、保存方法や国内原産地の記載なしで、鹿児島県産を愛知県産などと偽っていた表示は六件でした。加工業者の表示は九七％が適正で、DNA分析の結果は当然ながら、全てジャポニカ種でした。小売店で常習的に原料原産地を誤記していた（農水省の独特な表現：つまり〝詐称していた〟）二業者に、JAS法違反による改善の指示*がなされました。

農林水産省はこの調査で、「国内ではウナギ蒲焼きなど加工品に不正がない」と言いたかったのでしょうか？ 調査した二〇〇三年には国産ウナギの二・二万トンに対し、輸入ウナギが九・五万トンでした。しかし市場では、「中国産」や「台湾産」を表示した蒲焼きはほとんど見当たりませんでしたから何とも奇妙なことです。逆に、この農水省の調査で「国内では莫大な不正が大変巧妙に行われている」との疑いが濃厚になりました。

輸入生ウナギでは、某テレビ局の追跡で次のような場面がありました。プラスチック袋に入れられ段ボール箱で空輸された生きたウナギは、空港からトラックに載せられて積み替え場所に運ばれました。そして、待機していた別のトラックとお尻同士をくっつけて、輸入ウナギは袋から大型のプラスチック容器に積みかえられて国産ウナギに変わりました。先に述べたように、日本で売られるウナギは全て同じジャポニカ種ですから、普通の分析では産地を特定することはできません。

＊ＪＡＳ法違反：先にも簡単に説明したが、ＪＡＳ法に違反した生産者や事業者には、行政処分としてまず改善の〝指導〟が行われ、それに従わない業者は次に改善の〝指示〟が行われる。それでも従わないと改善の〝命令〟がなされるが、ここまでに数年はかかる。さらに命令に従わない業者は刑事告発され、罰せられることになっている。しかし、ＪＡＳ法が始まって以来二〇〇九年まで、この法律で起訴された業者はなかった。数千トンのアサリや水煮タケノコを国産に偽った詐欺でも、ＪＡＳ法では指示止まりであったので、ＪＡＳ法に関しては食品不正は「やり得」であった。農林水産省は生産者や事業者の味方で、〝消費者を護らない役所〟と非難されて当然であろう。しかし二〇〇九年五月末から、罰則の一部が変わり、産地詐称は前記の三段階を経ない直罰になった。

(4)　摘発された巧妙な不正、ウナギの里帰り

有名な養殖ウナギの産地である愛知県三河の西尾市一色町は、年間約四千トンのウナギを生産

し、「愛知県三河一色産ウナギ」の地域認証マークで販売しています。しかし、二〇〇八年の一月から四月にかけて、一色うなぎ漁業協同組合が輸入した台湾産のウナギ蒲焼き七二トンが「一色産うなぎ」の認証マークを付けて出荷されたことがありました。

ＪＡＳ法によると、複数の国で育ったウナギなどの動物は、最も生育期間が長い国を産地とすることができます。そこで、育ちの悪かった幼魚を台湾に輸出し、適当に育ったところで逆輸入して、国産として販売する行為がありました。これを「里帰りウナギ」と言います。一色うなぎ漁業協同組合の里帰りウナギに台湾産が加わって数が増えたことが、二〇〇八年の農林水産省調査で発覚して問題になりました。台湾に送った幼魚は一八万匹で、里帰りウナギが二六万匹だったためでした。これを受けて、一色町の漁業組合は「里帰り」を中止しました。里帰りの仕組みには複数の業者が介在し、輸出入業務や国産証明の発行などが行われており、一色町以外の養鰻業者もそれらを利用していました。

同じ二〇〇八年の五月に鹿児島県警は、静岡市の東海澱粉（株）の本社と福岡営業所の社員二名を、不正競争防止法違反の容疑で逮捕しました。理由は二〇〇二年から〇七年末までの五年半に、一三〇〇トン以上の台湾産ウナギを国産と偽って加工業者に販売し、一億円の利益を得たとの容疑でした。しかし、この程度の違反は多分日常茶飯事であったと思われます。二〇〇七年には宮崎県の養鰻業二社が、台湾産のうなぎを蒲焼きに加工する段階で、宮崎産と詐称して販売していました。

(5) 蒲焼きの不正摘発など

これまでに最も詳しく調べられ有名になった事件は、二〇〇八年に大阪のウナギ輸入販売会社「魚秀」と神戸の大手魚類卸売業「神港魚類」の二社が組んで行った、大変手の込んだウナギの産地詐称事件でした。この中国産の国産詐称事件は、輸入のウナギ蒲焼きを「愛知県三河一色産」と称して、「岡崎市一色」という架空の地名と、会社名「有限会社一色フード」を用いて販売したものです。調査のきっかけは、農林水産省の食品表示一一〇番への匿名電話でした。

二〇〇八年六月の農林水産省の発表によると、立ち入り調査で判明したことは次の通りでした。

① 魚秀は徳島の関係先の設備で、中国産蒲焼きを架空会社の一色フード製に再包装した。その蒲焼きのうち少なくとも二五六トンを、流通経路を複雑にして神港魚類に出荷した。また、一色フードの社名でウナギ産地を「三河一色産」として証明を行った。魚秀は自身が購入者であることを装うため、神港魚類から一部の蒲焼きを買い戻し、自らも卸売業者に販売した。

② 神港魚類は魚秀から出荷された蒲焼きを、不正表示と知りながら購入して卸売業者に販売し、それを一般消費者が購入した。

そこで、農林水産省は両社に対し改善を指示しました。この事件の解決は、農水省の食品表示の監視専門官（食品表示Gメン）の働きによるものでした[1]。農林水産省の発表後に、兵庫と徳島の県警は不正競争防止法違反の容疑で、魚秀と神港魚類を捜査しました。中国産と国産の蒲焼きでは価格に二倍程度の開きがあり、発覚しなければ、このまま長期間にわたって消費者は買値の半分を詐取されるところでした。この事件は、不正競争というよりは、詐欺事件とされるべきです。魚秀は輸入蒲焼きを約七・七億円（キロ当たり約三千円）で神港魚類に販売し、約三億円の不当利益を得たとされます。二〇〇八年十一月にこの事件の関係者八人が逮捕され、五人が起訴されて翌〇九年に魚秀社長らの有罪が確定しました。

この事件以降もウナギの産地詐称が発覚しています。愛媛の「サンライズフーズ」は、数年間にわたって中国産の蒲焼きを国産と詐称し、築地市場の最大手「中央魚類」に販売していました。読売新聞の調べでは、販売量は二〇〇七年に六四五トンであったとされます。サンライズフーズ社は、蒲焼き製造に用いたガス量を多量に見せかけるため、ガス会社に依頼して架空の請求書を作らせ、実際の四〇〇倍のガス使用に見せかけていました。同社にはJAS法違反による改善命令が出されました。また二〇〇八年には、茨城県の通販会社が中国産の蒲焼きを「四万十川産」と偽り、一万二七〇〇パックを販売したとして、不正競争防止法違反の捜査を受けました。

この種の詐欺はその後も続けられています。二〇一〇年には、千葉県の「(株)日本一」による台湾産ウナギの国産詐称がありました。また、東京の「セイワフード」が加工業者と組んで、台湾産のウナギ蒲焼き一三二トンを国産詐称した例などが、消費者庁の調査で判明しています。二〇一一年には、イトーヨーカ堂が輸入した中国産ウナギ一五トンの国産詐称で、社員が有罪判決を受けました。

さらに二〇一三年には、静岡の「大井川うなぎ販売（株）」が、中国や台湾産ウナギ蒲焼きを静岡産として三年間にわたって販売していたことが、県警の捜査で判明しました。また、和歌山の「（株）天勝」は、中国産、台湾産、国内各地産のウナギ蒲焼きを、愛知産として一年間以上販売していました。同年秋には東京の「（株）翔水」と札幌の「（株）三晃」が、中国産ウナギ蒲焼きを愛知県産と偽って一九万四、二八トンを販売し、ＪＡＳ法の改善指示を受けました。なお二〇一四年に北海道警察は、両社の社長を不正競争防止法容疑で逮捕し、起訴しました。

(6)　このような状況下で消費者は

二〇一四年頃のウナギ輸入と生産統計からみますと、輸入が約二万トンで国産は一・七万トンです。このことから、国内で販売される国産のウナギ蒲焼きについては、それが虚偽であり、代金を詐取されている確率はかなり高いとみられます。そこで「中国産」「台湾産」と表示された安価なウナギ製品を選ぶことは、品質的には国産との差異がないので、賢明な選択といえるでしょう。近年、ウナギの消費量が減っているのは、不漁のため以外に、消費者がこのような現実を知り始めたこともあるかもしれません。

2.3　はちみつ（蜂蜜）の話

(1)　はちみつのなりたちと成分

JAS法では「はちみつ」が正式名ですが、以下、蜂蜜と表記します。蜂蜜はミツバチが草木の花の蜜を集めて、それを唾液腺から出る酵素の作用で分解し巣（巣房）に蓄えたもので、ハチは羽で風を起こして蜜を濃縮します。このとき、蜜のショ糖は分解されて、果糖とブドウ糖（フルクトースとグルコース）になります。また、多くの昆虫が吸った蜜は腸から漏れて植物の葉などに付着しますが、これもミツバチが集めます。羽の風で濃縮した蜜の水分が二〇％以下に下がりますと、ハチは巣の穴を蜜ろうで塞いで蜜を貯蔵します。

蜂蜜の成分や状態は、花の種類などでかなり異なりますが、植物の種による特徴があって異なる風味を呈します。蜂蜜は花粉を含み、花粉の形によって蜜の起源が判断できます。また花の種類によって、色はほぼ無色から暗褐色まであり、粘度が異なるものや、中身が結晶するものなど、香りと味、食感が異なります。

蜂蜜が濃くなり過ぎると取り扱いが不便になるうえに、採算が悪くなりますので、巣の穴に蓋がされる前に蜜を採取する養蜂業者がいます。蜂蜜を採取するには、巣全体を壊す方法と、蜜の蓋をナイフなどで除いて、遠心分離機などで蜜を得る方法があります。日本では花粉をろ過して取り除きますが、スイスでは蜜の起源を知るために、ろ過装置の孔径を大きくして、花粉が除かれないようにしています。花粉を除いた場合には、その蜂蜜は純蜂蜜とは呼べなくなります。

蜂蜜は、主要成分の果糖とブドウ糖を合計で七〇％弱、その他のしょ糖や微量成分を合わせて固形物が八〇％程度であり、二〇％前後の水分を含みます。生の蜂蜜は花粉や酵母菌などを含み、微量成分として、有機酸、酵素、ビタミン類、タンパク質、アミノ酸、ミネラルなどがあり、pHは酸性です。蜂蜜によってはブドウ糖が結晶して白濁します。なお、日本の全国蜂蜜公正取引協議会は国産蜂蜜の規格を、水分二三％以下、一〇〇g中の果糖とブドウ糖の合計が六〇g以上、しょ糖五g以下と定めています。

(2)　蜂蜜の需給

世界の蜂蜜生産量は一二〇万トン程度と推定され、そのなかで中国産が約四〇万トンといわれます。日本の蜂蜜消費は年間約四万トンで、国産は二〇〇二年の農林水産省調査で二五〇〇トンでした。蜂蜜はほとんどが輸入品で、約三万トンが中国産であり、他はカナダとアルゼンチン産です。中国産の蜂蜜には時に抗生物質が検出され、そのために二〇〇七年には、通関検査で大量の蜂蜜の輸入が禁止されました。蜂蜜は他の甘味料に比べて大変高価であり、一家庭当たりの年間消費は、欧米で一〜二kg、日本では三〇〇〜四〇〇g程度とされます。日本では、風味に特徴がある本物の蜂蜜が少ないことが、消費が伸びない原因かもしれません。

なお蜜源である花の名を表示するときは、七〇％以上がその花に由来する必要があります。EU

では蜂蜜の統一規格を定め、花の起源、産出国を表示することを義務づけていますが、蜂蜜の自給率は約四〇％で不足分は中国などから輸入しています。

(3)　世界と異なる日本の蜂蜜規格

二〇〇一年に国連の食糧農業機関（ＦＡＯ）と世界保健機関（ＷＨＯ）によって、蜂蜜の暫定国際規格が定められました。蜂蜜の定義は冒頭に紹介した蜂蜜のなり立ちとほぼ同様です。各国の蜂蜜の規格はＦＡＯ／ＷＨＯのそれに準拠していますが、蜂蜜の定義と加工法は国による差異があります。例えば国際規格では、蜂蜜の水分は二〇％以下ですが、日本では水分を二三％以下と定めています。

全国蜂蜜公正取引協議会は、蜂蜜類の表示に関する公正競争規約を定めており、蜂蜜の定義は次の通りです。

①　「蜂蜜とは、ミツバチが植物の花蜜を採集し、巣房にたくわえ熟成したもので、規格に定める性状をもち組成基準に適合したものをいう」

②　「精製蜂蜜とは、蜂蜜から臭いや色を除いたもので、組成基準に適合したものをいう」

③　「加糖蜂蜜とは、蜂蜜に人工の転化糖その他の糖類を加えたものであって、蜂蜜の含有量が六〇重量％以上のものをいう」

なお①の蜂蜜には②の精製蜂蜜や花粉、香料、果汁、ビタミンを加えてもよいことになっています。②の精製蜂蜜とは、蜂蜜を水で薄め、色や臭い、不純物を除いて再び濃縮したものです。また、蜂蜜の加工品である②の精製蜂蜜を①に混合することができますが、その場合は単に「はちみつ」と表示します。特に③の加糖蜂蜜の規定は日本独特のもので、海外では奇異に思われるでしょう。さらに混ぜものがない製品には「純粋はちみつ」の表示が許されています。このように複雑な製品があることが、日本の蜂蜜に不正な混ぜものの多いことの原因であると筆者は考えます。

日本を除く先進国では、どの国も蜂蜜と表示したものに、他の糖類や水、食品添加物などの混合を禁止しています。ＥＵの蜂蜜の定義は、採取した蜜に対して「何も加えず何も除かない」とされ、花の起源と産地の表示を義務づけています。しかし、蜂蜜には昔から種々の不正が頻繁に行われてきました。蜂蜜が本物であるかどうかの判定は、蜂蜜自体が大変多様なためにかなり難しく、特に、花の種類と産地の特定は困難です。しかし、蜂蜜は高価な商品であるため、真偽鑑定のために種々の分析法が検討されています。

(4)　蜂蜜の不正と分析法

冬季から早春にかけて、花がない時期に蜜蜂には糖液が与えられますが、春以降もこの行為を継続すれば蜜量が増えます。また蜜蜂の健康維持のため、認可されたいくつかの抗生物質が用いられますが、それらの薬剤残留が規制値以下になる前に採蜜されることがあります。これらは不正行為ですが、このような不正は最大の蜂蜜輸出国の中国で多く行われています。

アメリカなどでは、輸出国によって蜂蜜の輸入関税に差があります。また産出国によって品質差もあるため、花粉を除去するなどして、蜂蜜の原産地詐称が行われます。日本では大きな影響がなかったのですが、アメリカなどでは二〇〇〇年頃から、年間1/3に達する蜜蜂群の崩壊現象が起こりました。そのためアメリカでは、二〇一二年の蜂蜜輸入が年間需要一八万トンの2/3にまで急増しました。なおアメリカでは、輸入蜂蜜の真正を確認している業者は、二〇〇〇年頃の調査で五八%とされました。

・原産地詐称と分析法の不備

蜂蜜は普通C3植物から採取されます。サトウダイコン（ビート）はC3植物ですが、砂糖や液糖の原料は主にC4植物のサトウキビやコーンの澱粉です。蜂蜜の初歩的な水増し不正は砂糖や液糖の添加です。糖分を構成する炭素原子の原子量には12と13のものがあり、これらを安定同位体*と呼びます。蜂蜜原料になる通常の植物はC3植物に属し、サトウキビとコーンはC4植物で、双方の植物体を造る炭素では、原子量の異なるC13とC12の比率が異なります。C4植物のサトウキビやコーンは、原子量13の炭素をC3植物に比べより多く取り込みますので、炭素の安定同位体の比率を調べることで糖分の由来が判明します。しかし、この方法の検出限界は二〇%程度なので、少量の添加であると不正は検出できません。

さらに他の真正確認法に、蜂蜜から分離したタンパク質量の測定による方法があり、この場合は七%以上の水増し不正が検出可能です。これらの分析法を用いることで、不正な糖分の由来が識別できます。また蜂蜜に加水した場合には、酸素と水素の安定同位体の比率が、普通の水と蜂蜜中の濃縮された水とでは大きく異なることで判別されます。

＊安定同位体：元素にはその重さ（原子量）が異なる複数の原子が含まれる。例えば、水素と重水素（原子量1と2）、炭素（原子量12と13）、酸素（原子量16と18）などである。重さの異なる元素を同位体といい、放射能がない同位体を安定同位体と呼ぶ。安定同位体が含まれる比率は、地球上の場所や、また植物の種などによって異なるので、それらを測定することで、原産地や植物種などの由来を特定することができる。

・アメリカ史上最大の蜂蜜の密輸事件

一九九〇年代のアメリカでは、中国からの安価な蜂蜜輸入が増加し、二〇〇〇年には蜂蜜需要の一六％が中国産になったため、国内の養蜂業者が圧迫されました。そこでアメリカは中国産輸入蜂蜜の量を適正化するために、その関税率を高めました。他方でＥＵは二〇〇二年に、抗生物質汚染を起こした中国産蜂蜜の輸入を禁止しました。そこで、余剰になった中国産蜂蜜はダンピングされて国際市場に出回り、アメリカへの輸出も増えました。

しかしアメリカでは、二〇〇六年から中国産蜂蜜の輸入が急減し、代わってそれまでは輸出実績がなかった、インド、マレーシア、ロシアなどからの蜂蜜輸入が急増しました。この原因は、ドイツと中国の企業六社一一人が関わった蜂蜜の不正輸出で、中国産蜂蜜をインド産などと偽って、低関税でアメリカに輸出したものでした。判明した偽のインド産蜂蜜は、二〇〇二年から〇八年までに六〇六回もの輸入がありました。

この事件に対する裁判が二〇一〇年九月に行われ、アメリカ史上最大の食品密輸事件とされました。AFP通信によると、事件に関連した企業は共謀して、規格外品、抗生物質汚染蜂蜜、偽造した蜂蜜を密輸入したもので、輸入金額で四千万ドル（四六億円）以上に上りました。この事件の判決では、密輸への反ダンピング課税が約七・八千万ドル（九〇億円）に達しました。蜂蜜の抗生物質残留が危惧されましたが、市場に出るまでに薄められたために、健康被害はなかったとされます。

起訴状によりますと、陰謀の中心はドイツのA・L・ウォルフ社でした。北京在住の中国人社員が、汚染や偽造品を含む低価格の蜂蜜を買い集め、それらをインドなどに輸送して花粉を除き、インド産蜂蜜を混合するなどして出所を不明にしてから、アメリカに密輸入しました。さらに、この蜂蜜に偽造した分析証明を付けて、受け入れ検査を行わない需要家に販売しました。陰謀に荷担した六人は拘束され、全員が有罪として起訴されました。アメリカ政府は未払いの関税七・八万ドルと、六年間の不正輸入六〇六件分の金額四千万ドルの没収、最高二〇年間の拘束と罰金二五万ドルを求めました。ウォルフ社の社長はじめ一〇人が告訴され、企業五社に罰金が求刑されました。(2)

この事件を受けてEUは、二〇一〇年にインド産の蜂蜜輸入を禁止しました。

他にも、蜂蜜の糖類による水増しは世界的になされており、一九九七年までの三年間にアメリカに輸入された蜂蜜の四三％に、糖分の添加が認められています。

蜂蜜を含む動物性食品については、どの国も抗生物質などの残留を規制し、投与後一定期間は食用にできません。日本ではペニシリン系のアンピシリンやテトラサイクリン系のミロサマイシンが養蜂に使えます。アメリカではヒトの貧血の原因になるクロラムフェニコールは、動物への投与が禁止されていますが、中国では養蜂に利用でき、時にかなりの残留がありました。蜂蜜の原産地詐称は多く、輸入蜂蜜に関して産地の把握は、安全上かなり重要な要件になります。

(5) 蜂蜜の水増し不正とその判定

蜂蜜の水増し不正は、公正な蜂蜜業者にとって迷惑なことであり、蜂蜜の愛好者はその風味や栄養効果を期待していますので、まさに詐欺行為です。先にも述べたように、蜂蜜はオリーブ油と牛乳・乳製品に次いで世界的に不正が多い食品です。しかし、蜂蜜が商品になって以来、多くの不正が行われ、発見を逃れるための少量の糖の添加から、全量が偽物であるものまで種々の詐欺行為が行われています。

蜂蜜の水分は一三〜二三％と幅広く、国産蜂蜜の水分は二三％以下と定められていますので、時に加水されることがあります。また不正行為として糖類と水の添加、液糖の混入が行われます。全国蜂蜜公正取引協議会には一〇六の業者が加盟しており、二〇〇〇年からの七年間に、協議会は業者の純粋蜂蜜の試料六一〇点を検査しました。その結果、一二〇点（二〇％）に糖類の添加が認められています。

欧米では蜂蜜の真偽鑑別法が進歩しており、産地や花の種類が明確な試料については、成分のデータベースが蓄積されています。蜂蜜への糖類添加は、主にビート糖の加水分解物で行われますが、この場合は含まれるしょ糖以外の少糖類の分析で、五％以上の不正添加が識別できます。簡易な蜂蜜の水増し不正は、トウモロコシデンプンから製造する安価な異性化糖液（ブドウ糖／果糖混合液）や、甘しょ糖（サトウキビ）の分解物で行われます。

農林水産消費安全技術センター（FAMIC）が、二〇〇七年に行った蜂蜜への異性化糖混入の検査では、三〇四試料中に一八例の不正が認められました。しかし、異性化糖の利用は最も簡易な不正行為ですから、技術的にはやや複雑になりますが、ビート糖由来の糖分を分析すれば、不正の数はさらに多くなったはずです。

(6)　悪質な日本の偽蜂蜜事件

アメリカの蜂蜜密輸入事件のように大規模ではありませんが、二〇〇九年五月に東京の大手蜂蜜会社「ボーソーハチミツ（株）」の大がかりな蜂蜜不正事件がありました。農林水産省は、同社とその子会社「ビー・シー」を調査し、虚偽表示を行っていたことを確認しました。その結果、農水省はボーソーハチミツにJAS法違反による改善命令、ビー・シー社には改善指示を行いました。

なお、ボーソーハチミツは二〇〇六年に、純粋蜂蜜と表示した異性化糖入り製品などを、一三〇〇トン以上も販売して改善指示を受けていましたので、これは二度目の不正摘発でした。

同社の違反行為は、二〇〇九年三月までの二年余の間に、全体で一五〇〇トン以上の偽蜂蜜を販売したことでした。業務用として販売した精製蜂蜜一四三トンは全く蜂蜜を含まず、また純粋蜂蜜として業務用に販売した千トン弱に、五〇％の異性化糖を混合するなどの不正がありました。また、ビー・シー社も偽の加糖蜂蜜八六トンを販売しました。これらの会社は倒産しましたが、この明らかな詐欺行為にかかわらず、ＪＡＳ法の改善命令以外に他の法律で経営者が罰されたとは聞きません。何とも奇妙なことに思われます。

もう一つ不思議に思うのは、一度は改善指示を受けた会社から千トン以上の業務用蜂蜜の供給を受けた何社かの食品製造業者があることです。勘ぐりすぎかもしれませんが、これらの業者は、安価だったため偽の蜂蜜と知りつつ購入したのではないかと疑われます。

(7)　蜂蜜不正は日常的か

中国産の輸入蜂蜜は安価なため、国産への詐称が数多く行われます。二〇〇九年七月には農林水産省の調査で、「埼玉養蜂」の中国産などの蜂蜜による四三トンの国産詐称が摘発されました。二〇〇九年九月に消費者庁が発足し、ＪＡＳ法違反の管理が同庁に移されてからは、不正競争防止法などによる蜂蜜不正の摘発が増加しました。しかしその後は、岐阜県の一社を除きますと、大規模な不正は報告されていません。

しかし、多くの業者が中国産の蜂蜜を混合して国産品と偽るか、単に中国産蜂蜜を国産と詐称しています。例えば、新潟県の「青木養蜂」は自家製アカシア蜜に、輸入アカシア蜜を半分混ぜて新潟産と表示し、栃木県の「鈴木養蜂園」も輸入蜂蜜を国産と詐称しましたが、これらの詐欺行為をした業者への行政処分は、JAS法違反による改善指示でした。

二〇一一年の初めには、消費者庁などから五社の蜂蜜業者の不正が発表されました。いずれの場合も、国産蜂蜜に中国などからの輸入蜂蜜を混合したもので、輸入品の量が半分以上であり、中には国産品を全く含まないものがありました。摘発された不正の規模は小さかったのですが、兵庫県の「カンノ蜜蜂園」と「六甲ハニー」、栃木県の「みちのく蜂舎」、神奈川県の「ほくと蜂舎」などの例でした。なお、ほくと蜂舎の場合は長年にわたって詐称を続けたとされました。

不正が発覚したなかで、輸入蜂蜜による増量が最も多かったのは、岐阜県の「フラワーハネー」の場合でした。同社の社長は、自ら保健所に自社の不正を申告しました。県の調査では、中国産蜂蜜六五〜八〇％に国産品を混ぜ、国産として販売したとされています。岐阜県警の調べでは、この種の不正は一五年以上前から続いており、二〇一一年三月までの五年間の売り上げ九・一億円中、詐称による利益は数億円とみられました。

二〇一二年九月には、景品表示法の違反で措置命令*が行われた会社がありました。盛岡の「藤原アイスクリーム工場」が、一〇〜三〇％の国産蜂蜜に中国産やハンガリー産の蜂蜜を七〇〜九〇％

加えて、最高品質の国産純粋蜂蜜として販売したものです。また東京の「加藤美蜂園」は、中国産とアルゼンチン産の蜂蜜を混合した瓶詰めをアルゼンチン産として、二〇一三年までの一〇年間に二万個以上製造し販売しました。また福岡の「みつよしフーズ」は、産地不定の国産蜂蜜に中国産を混合し、国産、熊本産、福岡産の純粋蜂蜜、みかん蜜などと偽って販売しました。

行政機関によるこれらの不正蜂蜜の数量は、調査結果で確認された範囲のもので、実際の不正はさらにあったと推定されます。この種の不正に対する行政処分は、JAS法の改善指示が全社に出され、それだけですんだもの一社、不正競争防止法で捜査され逮捕者の出たもの二社、景品表示法違反の措置命令を受けたものが三社でした。

国産蜂蜜の価格がキロ当たり三千~五千円であるのに対して、中国産の価格は1/5程度であり、しかも国産が好まれますので、不正への誘因は強くなるわけです。NHKの取材によると、ほくと蜂舎の社長の話では、不正のない業者はいないだろうとのことでした。ということは、「中国産」「アルゼンチン産」などと正直に明示された蜂蜜の方が、欺されずにすむことになります。

＊「措置命令」とは、公正な取引を維持するための「景品表示法」に違反した場合、消費者庁から業者に科される次の命令。①違反の事実を一般消費者に公表する。②回収を含む再発防止策を講ずる。③その違反行為を繰り返さない。以前は公取委が所管し「排除命令」と称した。

(8)　ついでの話――メープルシロップ

蜂蜜と同様、メープルシロップもたびたび砂糖で水増しされます。この糖液は、カナダ東部などで栽培されるサトウカエデの樹液を春先に採取し、石灰で中和してから煮詰めたものです。日本でもホットケーキのシロップとして愛好されていますが、安価なものはほとんど模造品です。メープルシロップは非常に高価であり、主要成分はしょ糖であるため、しばしばビート糖と香料で偽物が作られました。また甘しょ糖やトウモロコシ由来の異性化糖を混合した偽物は、炭素の同位体分析で不正が判明します。

少し古い話ですが、一九九五年にカナダのあるメープルシロップ業者が、近隣の同業者が信じられない安値の製品を販売するのを調べました。この業者は大学との共同研究で新しい分析法を開発し、真偽判定の結果、不正業者を告訴しました。この新しい分析方法を用いて調べた結果、一九九五年にカナダ産のメープルシロップの四割弱に、五～二〇%のビート糖添加が見つかりました[3]。

2.4　米、そばと麺類の話――騙され続けた消費者

米と小麦の流通は長年国によって管理され、日中戦争中の一九四〇年に始まった米などの配給制度は一九八二年まで続き、米は専門店（米穀店）で売られました。しかし、一九九五年の食糧法と

二〇〇四年の改正食糧法によって、米の流通が自由化されました。それまでは、専門店による売り手市場であった精米は、スーパーなどの量販店でも販売されるようになり、販売競争が始まりました。最近は米を小売りする量販店が、専門店の二倍以上になっています。また流通の自由化で、表示と検査制度が厳格化されることになりました。他方、小麦の場合は、国産の約六〇万トンに対し輸入が五五〇万トンで、小麦の輸入業務は政府が管理しています。

古くから精米の販売には不正がつきものでした。検査体制が未発達であった頃は、銘柄米への安い米や未検査米などの混合、偽の銘柄米表示、新米の古米による水増しなどは日常茶飯事であったとされます。新米への古米混合では、一五％までは官能検査（味覚試験）で分かりません。そのため、二〇〇五年頃までは、新米に対するこの程度の古米混合は業界の通例であったとされます。

特に悪質なのは、高値で売られる新潟県の「魚沼産コシヒカリ」の詐称です。過去に行われた農林水産省の非公式調査では、魚沼地域で生産される三〇倍もの魚沼産コシヒカリの販売があったとされましたが、実態はそれよりはるかに多いと推定されました。前述の「食品偽装ドットコム」の調査によると、二〇〇二〜二〇一〇年の間に、食品の不正でＪＡＳ法、景品表示法による行政処分が公表された件数は約一一〇〇件でした。これらのうち、米に関するものが一六二件（一五％）と最多でした。また、消費者庁と農林水産省の調査では、二〇一二年までの一三年間に、国と都道府県が公表した食品のＪＡＳ法違反では、改善指示九四八件中で米の不正は二六六件（二八％）、改善命令一二件中八件（2/3）と最多を占めました。

(1) 米や穀類の品種を鑑定するDNA検査

生物の遺伝子であるDNAは、核酸がつながった二本の長い糸状の構造で、その各部分の働きで全てのタンパク質や酵素を合成し、生物体の固有な成長と生命を維持します。DNA配列の様相は生物の種によって異なりますが、同じ種であってもコシヒカリとアキタコマチなど品種が異なる場合にも、どの品種に属するかがDNA検査で分かるようになりました。イネについては二〇〇〇年頃から、国内の主要品種二〇種類の鑑別ができるようになり、農林水産消費安全技術センター（FAMIC）や自治体などがDNA検査を行っています。現在は検査が簡単になり、三〇分で結果が出るようになりました。

農林水産省は年ごとに、全国約三千店の小売店と約六〇〇店の卸売業者から、三万～四万点の精米を買い集め、それらの表示が適正か否かを検査しています。検査は、表示内容の誤り（不正の可能性）と、誤りのある業者の帳簿調べ、DNA検査、その他です。過去の調査では不適正な表示が四～五％ありましたが、近年は三％程度に減っています。DNA検査では最も的確に品種と混米が判定され、DNA検査による不正の発見率は、通常調査の二倍以上になります。しかし、国によるDNAの検査数には限りがあり、年間六〇〇件程度が分析されました。なお最近は、コシヒカリの産地が「魚沼」か否かが、米に含まれる微量元素の分析で判定可能になってきました。

農林水産省のDNA検査では、全国の米穀小売店から任意に選んだ試料が調べられ、コシヒカリの詐称は、二〇〇一年に三九％、〇二年は一七％ありました。一方、東京都が二〇〇二年に

表2-1　DNA検査による銘柄米の不適正表示（%）（農水省発表）

	2003年度	2004	2005	2007	2008
商品全体	8.4	9.3	18.0	16.9	13.8
不正のあった店舗					
量販店	10.9	6.4	4.3	7.7	5.0
米穀専門店	15.2	11.1	10.4	15.6	22.4
卸売業	10.1	5.8	5.8	9.3	8.0
不正のあった商品					
量販店	1.7	0.7	0.5	0.9	0.7
米穀専門店	8.7	7.0	5.4	10.3	17.4
卸売業	2.1	0.7	0.9	2.2	1.2

行ったDNA分析による米の銘柄検査では、試料の半数に及ぶ四九%に異種米の混入が認められました。農林水産省のDNA検査による品種詐称などの不正は、二〇〇三年に八・四%にまで減りましたが、それ以降は逆に増えており、二〇〇八年には一三・八%になりました。銘柄米のDNA検査では、面白い結果が表2-1から分かります。

同表によると、商品全体中の不正はやや増える傾向がありました。これは分析の精度が上がったためかもしれません。二〇〇七年からはブレンド米の検査が始まり、不正の数が増えました。なお量販店とは、大型スーパーなど複数の都府県で小売りする業者です。量販店で売られる袋入り精米の不正は二〇〇七年は一%以下に減りましたが、米穀専門店での不正は一〇%以上と逆に増加しています。専門店は昔からの体質もあるのでしょうが、量販店との販売競争に負けないために、混米した商品を安売りした結果とも考えられます。

JAS法では不正が見つかりますと、改善の指導や指示が行われますが、罰せられることはありません。不正が明らかになると客離れが進み、正直に商売をしている店に大変な迷惑がかかります。精米の購入で特に注意を要するのは通信販売で、販売店の三〇％に不適正な表示があり、商品の一九％に異種の混米が見つかっています。なお二〇〇八年以降、農林水産省は米の不適正表示に関する発表をしていません。

(2)　不適正表示の意味

農林水産省のプレスリリースなどの発表には、「不正表示」「不当表示」「虚偽表示」などの表現がなく、「不適正表示」と表現されます。このことは、何を意味しているのでしょうか？「不適正表示」の言葉からは、「誤って行った表示：誤記表示」と「故意に偽った表示：虚偽表示」の二つの意味が読み取れ、あえて事柄を曖昧にしています。二〇一三年秋の、ホテル・レストランの偽メニュー事件で、ある経営者は〝誤記表示である〟と言い訳をしましたが、この場合は虚偽表示であったのは明白です。他方で、米穀の専門業者による銘柄の誤記はほぼ考えられません。米銘柄の虚偽表示や、輸入食品を国産と偽って高値で売るのは詐欺行為なのに、「不適正」は明確な「不正」を意味していません。ここでも農林水産省の業者保護の姿勢が感じられます。「不適正」ではなく、「不当」か「虚偽」の正確な表現を用いるべきです。

(3) 精米の不正は多すぎて取り締まりは困難

全国には八万店もの米穀小売店があり、年間十数億袋の精米が売られています。しかし、商品全体で量販店の一％、専門店の一〇％以上に不正があるのですから、それらの摘発は不可能です。また精米の不正は数が多く、JAS法違反による改善の指導や指示ではあまりニュースになりません。そこで、大手卸売業社の不正や農業協同組合（農協）とその子会社、また生活協同組合による銘柄米詐称などが報道されます。

悪質なものを列記しますと、無検査米の銘柄詐称、輸入米をコシヒカリに詐称、有機栽培や減農薬栽培の詐称、農政事務所が発行する検査証明の偽造、包装中身の詰め替え、くず米の混入、精米日の詐称、生産農家の偽称、中国産餅米の国産詐称などでした。特に、二〇一一年三月の東京電力の原発事故後には、大量の福島県産の米を安値で買い取り、新潟県産、宮城県産や長野県産に詐称する例もありました。なかでも二〇一一年十一月に発覚した、仙台の米卸業大手の「ケンベイミヤギ」の不正は悪質でした。同社は、福島県産米を宮城県産に、慣行栽培のササニシキを特別栽培米に詐称、未検査米を「津軽ロマン」に詐称、学校給食用米を横流しして未検査米で補填する、などの不正を行っていました。

二〇一二年にJA神戸六甲が、岩手産米九割に兵庫産米を混合し「こうべ育ちオリジナル米」として販売しました。動機は、復興支援で仕入れた岩手県産米の売れ行き不振のためとされました。また東京葛飾の「(株)パドマ」は、二〇一二年秋までに出所不明の米約一八〇トンを「新潟県産コシヒカリ」として販売しました。これらについては、不正競争防止法（虚偽表示）で起訴され、またＪＡＳ法による改善指示や命令が行われています。

この種の行為は起こるべくして起こったと言えますが、しかし、罰せられた例は「氷山の一角」でしょう。米に関する不正摘発は「賽の河原の石積み」の感があり、ここに紹介した以外にも数多くの産地や品種、精米日の詐称などが続いています。

精米の不正は米穀の卸業者や販売店だけの問題ではありません。レストラン、弁当、おにぎりなど米飯として販売される食品にも、銘柄や産地の詐称があります。ＤＮＡ検査は米飯でも精米と同様に可能ですので、銘柄の詐称は容易に分かります。二〇〇九年には公正取引委員会が和食の「庄屋フードシステム」の米飯、野菜、塩などの虚偽表示に対し、優良誤認の排除命令を出しました。

二〇一一年には山形県の「日東ベスト」社が、数か月にわたって七六万個のおにぎりに、「会津産コシヒカリ」の虚偽表示をしたことが確認されました。また神戸市の「(株) ポオトデリカトウカツ」は、一年間に二五〇万個のおにぎりに「コシヒカリ一等米使用」の虚偽表示をしていました。おにぎりの不正では二〇一三年に、大阪の「あじみ屋」と岐阜の「飛騨むすび」が、他品種米を「伊賀米コシヒカリ」に、他県産米を「飛騨高山コシヒカリ」と偽って、両社合わせて少なくとも五四万個を販売していました。

(4) 三笠フーズ事件

米穀の不正販売における大規模事件は、二〇〇八年九月に発覚した大阪の三笠フーズによる、汚染米の加工食品原料への転売でした。規制値以上の残留農薬やカビ毒などを含んだり、水に浸かったりした輸入米を、農林水産省は「事故米」と称して農政事務所が糊剤などの工業用原料として売り渡します。価格はキロ当たり六～一一円程度とされ、二〇〇四～〇八年の五年間に七四〇〇トンが一七社に販売されました。三笠フーズの福岡事業所は、規制値を超える残留農薬を含む米一七八〇トンを購入し、酒類や米菓、味噌などの食品加工原料として、米そのままか、米粉に加工して転売しました。輸入された加工原料米の価格はキロ当たり九〇円程度ですから、売り渡し価格を九円とすれば価格差は約一〇倍、食用であれば三〇倍にもなります。同社は少なくとも二〇億円程度の不当利益を得たはずです。

三笠フーズは不正を隠すために二重帳簿を作り、一〇年以上にわたって事故米を購入し、食用への転売を隠蔽し続けてきました。事故米を横流しした販売経路は詳しく調べられ、農林水産省が販売先を公表したために、それを原料にした酒造会社などの食品会社とその販売先は、製品の回収をするなど大打撃を受けました。事故米の販売先は判明しただけで三七七社、回収対象は酒類約一〇〇万本とされました。農林水産省は損害を補償しましたが、税金の無駄使いでした。

汚染米の販売は食品衛生法違反の犯罪です。一方、焼酎は発酵で得られるアルコールを蒸留して作ります。そこで、農薬など微量の汚染物を含む米を発酵原料に用いても製品には汚染が及びませんので、このような回収は全く無駄と思われます。この場合、安全性を科学的に考えれば、ゼロリスクを求めた過剰反応といえましょう。農林水産省が事故米の販売先を全て公表したのは行き過ぎです。事故米は老人施設や保育園など、いくつかの給食施設で米飯にされましたが、これらは公表すべき対象です。しかし、残留農薬を含んだ米も最大で基準値の数倍程度であり、これらが通常米に混ざっても健康被害はありえない量でした。

三笠フーズの不正告発は、二〇〇七年一月に農林水産省に二回なされましたが、担当部署が調査した結果「問題なし」とされていました。農林水産省職員は、五年間に九六回も事故米の粉末化に立ち会っていましたが、偽の帳簿でごまかされ、販売先への納品の有無について追跡調査をしていませんでした。さらに二〇〇八年八月に、福岡農政事務所の食品表示一一〇番に三笠フーズの不正通報があり、別の部署の職員（食品表示Gメン）が製品の出荷先を調べて、ようやく同社の不正が摘発されました。農林水産省は三笠フーズとその子会社を、不正競争防止法（虚偽表示）で熊本県警に告発しました。

三笠フーズ以外にも、工業用を装った事故米が、愛知県の業者「浅井」に一三〇〇トン、「太田産業」に一一四〇トン販売され、食用に詐称されたことが二〇一〇年に確認されました。事故米の不正流通はその後も摘発が続き、同年に神奈川の「協和精麦」が輸入事故米三一六〇トンと、食用外の小麦六二〇トンを食用として販売したことが確認されました。この場合は、豊田通商や伊藤忠などの商社が飼料用として輸入した事故米が、用途のチェックがなされなかったために、ほぼ全て食用として流通したものでした。

農林水産省にとって事故米は保管料がかかり、早く処分したいお荷物ですから、それを大量に買ってくれる三笠フーズなどは有り難いお得意先でした。農政事務所と三笠フーズは、いわば共存共栄の関係にあり、新聞社の調査でも担当者が三笠フーズに便宜を与えていたことが指摘されています。この事件で、当時の太田農林水産大臣は辞職し、またこれらの事件に関わった会社の責任者の数人には、実刑を含む禁固刑が科されました。

政府は事故米について、不正流通に関する有識者会議を組織して、原因と責任に関する調査を行い、その報告が二〇〇八年十一月末に発表されました。報告書は、「農林水産省は食の安全に責任をもたず、目先の仕事を処理すればよいという官僚主義的な体質であるために、事件が拡大した」と断じています。さらに、「農水官僚には国民の食の安全に関する責任感はなく、食用への流用防止のために有効な手段を全く講ぜず、検査は漫然と行われた」としました。また、この調査では農水省の官僚が「食品衛生法の所管は厚労省で、自分らは無関係」との主張を繰り返したとされました。

(5)　過去最大の三瀧商事の不正事件

「三瀧商事（株）」は三重県内で最大の米穀卸売業でした。三瀧商事は組織的に中国産やアメリカ産米の国産偽装、加工用米を主食用に販売、また産地詐称のためにその関連会社五社との間で、架空取引を行うなどしていました。中国やアメリカなどの輸入米を関連会社に売り、国産の正規の米に書き換えさせてから、買い取って販売したとされます。二〇一〇年から一三年にかけて、国産米として販売した約四四〇〇トンの一部について、産地、品種、生産年などを偽っていました。

同社は二〇一二年末から約一〇か月間、中国米が四割入った加工用米八三〇トンを、愛知県産として食品加工業者に販売しました。これらはおにぎりや弁当に加工されて、イオンやダイエーなどの大手スーパーが市販しましたが、不正米によるおにぎりはイオンだけで一五〇〇万個であったとされます。このような不正は二〇〇五年頃から始まり、同社はこの種の手法で過去三年間に四四〇〇トンの偽国産ブランド米を売り、一・二億円の不当利益を得たとされます。

内部告発によって農水省は不正内容を把握し、二〇一三年十月四日に三重県と共に同社に是正勧告を行いました。ところが三瀧商事は十月十日に株主総会を開いて、突然同日に会社を解散し清算手続きに入るとしたため、この不祥事がうやむやになる恐れがありました。三重県警は十月二十四日に三瀧商事と関連五社に対し、虚偽表示のＪＡＳ法違反と米のトレーサビリティ法違反の容疑で、家宅捜索を行いました。そして二〇一四年に、社長と経営者の四名が不正競争防止法違反で逮捕され、二〇一五年一月の裁判で社長と役員二名に懲役二年が求刑され、執行猶予四年、罰金五〇〇万円の判決が確定しています。

(6) そばと麺類の不正

・そ　ば

そばは米や麦と異なりタデ科の一年草です。痩せた高地や乾燥に強い作物で、主要産地はロシアと中国であり、世界では年間二〇〇万トン強が生産されています。日本のそばは長野県以北で栽培されますが、主要な産地は北海道です。収穫されたそばは殻付きの「玄そば」で流通され、国産は年間約三万トンで、豊作の年は四万トンを超えました。輸入は九～一〇万トンと需要の約八割を占め、輸入元は中国が八割強、次いでアメリカ、カナダなどです。玄そばの価格は作柄による差がありますが、国産では**kg**当たりおよそ四〇〇円、輸入品は一四〇円程度です。これを製粉したそば粉の価格は、**kg**当たりで国産はおよそ八〇〇円、輸入品では三〇〇円程度になります。そこで、ウナギや蜂蜜と同様に、輸入品を国産と偽る不正は絶えません。

また、そば粉だけでの製麺には技術を要しますので、つなぎとして小麦粉が用いられます。この場合、公正競争規約によるそばの定義は、そば粉の含有率を三〇％以上としています。小麦粉はそば粉より安価ですから、そば粉の含有率を高く偽る不正が行われます。

最近はＤＮＡ分析による品種判定、元素分析などによる輸出の原産地の推定が可能になり、また小麦粉とそば粉の割合も分析できます。小麦とそばでは、含まれるアミノ酸の種類に大きな差がありますので、その分析で混合比率がわかります。また最近は、蛍光スペクトル分析によって、そば粉の混合割合が判定できるようになりました。

農林水産省が二〇〇五年に行ったそば類の調査では、三千店から集めた三万六四五〇点の麺類とそば粉の帳簿検査の結果、三九六点に不適正な表示がありました。そばの含有割合が記載されている製品三〇〇点の分析検査では、そば粉使用割合を多く偽る例がありました。また、原料原産地が疑われるなどの二五八業者を調査した結果、一一五業者（四五％）に不正表示が認められました。このように、そばの主な不正は原料原産地の詐称と、そば粉含有率の虚偽表示です。「二八そば」はそば粉を八割含むという意味ですが、そば粉が五割以下の製品も摘発されています。

そば製品の不正は数多く行われているとみられ、農林水産省や警察の調査の結果が時折公開されます。それらには、中国産やカナダ産そばを北海道産や岩手県産と詐称、三重県で製造した「信州そば」、中国で製造した「出石そば」（イデイシ：兵庫県但馬地方）がありました。さらに中国産のそば粉を用い、関東で製造した「秘境・祖谷谷産」（イヤダニ：徳島県西部山地）の製品もありました。また、そば粉が半分以下の干しそばに「そば粉七割」と表示、自然薯（ジネンジョ）を含まない「自然薯そば」、輸入そばを「尾瀬産」と詐称、などです。これらの不正には、麺類製造の大手「トーエー食品」の二二〇万食、うどんで有名な「美々卯」などが含まれていました。

また、観光地の土産用の〝特産そば〟にも偽物があり、二〇一〇年には小麦粉を多用し、中国産そば粉を用いた偽の特産品を、四万袋以上販売した業者がありました。二〇一三年に栃木県の石川そば製粉所が販売した「会津産」や「湯津上産」と称するそば粉は、中国産、アメリカ産、国内の他県産でした。

最も大規模で悪質であったのは、二〇〇九年に発覚した東京「島田製粉」の「深大寺そば」の事件でした。小麦粉が七割の干しそばを、そば粉が多量であると見せかける、JAS規格品でない製品にJASマークを付ける、などの不正を行いました。これらの行為を少なくとも一五年間続けていたことが発覚し、農林水産省はこの会社を刑事告発しました。

・うどん、手延べそうめん

うどんについては二〇〇四年に、JA香川（農協）がオーストラリア産小麦で製造したうどんを、県産小麦一〇〇％の「讃岐うどん」と称して、二年間で二〇万袋を販売しました。

そうめんの可食期間は元来数年ありますが、賞味期限は一年半程度を表示しています。奈良県の「森井食品（株）」は、返品された「伝承手延べ三輪そうめん」を再包装し、賞味期限を付け替えて再販売し、また他県産の製品を「三輪そうめん」として販売しました。返品の賞味期限書き換えは七年も続いていたとされ、同社はJAS法による改善命令を受けました。その他にも麺類に関する不正な表示に対し、公正取引委員会の排除命令がなされています。

2.5　野菜と果物

果物については、一九九一年にオレンジなどの輸入が自由化され、ミカンの生産が大打撃を受けるとして、一時は大騒ぎになりました。確かにミカンの減産が進みましたが、品種改良や農家の努力で国産ミカンは美味になり、国産ミカンと輸入オレンジは共存しています。二〇一三年には、輸入オレンジの一一・二万トンに対し、国産ミカンの出荷量は八〇・四万トンで、カナダなどに輸出されています。また、山形県のサクランボは高品質で高価ですが、安い輸入品に負けていません。そのため、果物に関しては輸入品による産地詐称はあまり知られていません。しかし果物缶詰めで、二〇〇五年に「明治屋」が中国産の桃の入った白桃缶一六万個を国産として販売し、回収が行われました。また、バナナなどの輸入果物では、「無農薬」など栽培法の詐称が時折摘発されます。また、国産果物では、リンゴ、ナシ、モモなどについて、国内の有名産地を詐称する不正があります。

他方で、輸入野菜の国産詐称は止むことがありません。その原因は、中国やベトナム産の野菜に比べて、国産野菜の価格が二〜三倍にもなるためです。野菜の輸入関税は、コンニャクイモ（一七〇六％）や落花生（七四〇％）などを除くと平均で三％程度ですから、保存性の高い根菜やカボチャ、タケノコの水煮などの加工品で不正が行われます。

さらに国産野菜には、無農薬、無化学肥料の栽培法の詐称もあります。有機栽培の農産物は国による認証機関があり、有機ＪＡＳマークが添付されますが（2.6項図2-1参照）、その詐称も行われます。また、中国産の小豆やシイタケの国産詐称、国産シイタケを岩手県や大分県など有名産地に詐称する例があります。このような不正は一年間に数件程度発見され、農林水産省が改善指示などの行政処分を発表しています。作物に含まれる微量な元素の分析などで産地を特定することはできますが、悪質で告発があったりしなければ検査されることはありません。

(1) 懲りない悪徳業者

千葉県八街市に「(株) アオヤギ」という農産物販売の会社があり、二〇〇二年に中国産のサトイモを国産と詐称して、千葉県からJAS法違反による改善指示を受けました。しかし、この業者はその後もサトイモで不正を続け、二〇〇五年の関東農政局の調査で、中国産を「千葉県産」などと詐称したことが確認されました。九か月間で少なくとも三一〇〇トンを不正に販売し、この不正は五年に及ぶことが分かったため、JAS法による改善命令を受け会社は倒産しました。しかし驚くことに、社長のAはその半年後に内縁の妻を名目上の社長にした「アキバ商店」を設立し、また同じことを始めました。二〇〇七年にアキバ商店は千葉県から改善指示を受けました。この事実は、テレビ東京の記者の取材で判明しました。

海外の野菜は防疫のために洗浄されて輸入されますが、Aは輸入サトイモに泥を付けて「国産」と偽りました。このような悪質な詐欺行為であっても、業者には「性善説」をとるJAS法は前述の通り、先ず指導→改善指示→改善命令を出し、命令に従わないと罰せられます。しかし、それまでには何年もかかります。現在は産地詐称が直罰制になっていますが、二〇〇九年までは悪徳業者が改善指示を受けても、数年間は不正を続けることができるという状況でした。

また一方で、A社長の不正を知りながら、またすぐに産地詐称のサトイモを受け入れた「太田市場(東京青果)」や「北足立市場」も問題です。市場には「受託の拒否禁止」の規定があるため受け入れたとのことですが、何ともあいまいな話で、農林水産省を含めて消費者軽視の典型と言えましょう。これがアメリカの場合だと、一度目で一年以下の懲役及び／又は一〇万ドルまでの罰金、二度目で三年以下の懲役か二五万ドル以下の罰金、またはその両方が科されます。さらに、消費者の損害又は不当利益の二倍までの罰金が科されるうえ、消費者による損害賠償訴訟も多いのです(4)。

(2)　野菜類の不正――タケノコなど

規模の大小はありますが、最も摘発が多かった産地詐称は、ドラム缶などで輸入される中国産タケノコ水煮で、国内でパックに詰め替えて売られます。二〇一〇年までの八年半に、タケノコの不正に対する行政処分は三二件ありました。二〇〇八年に大阪の「(株) 丸共」は、中国産のタケノコ水煮を国産、福岡県産、徳島県産などと偽って、少なくとも六〇〇トンを販売しました。また同年に鹿児島の「上野食品」は、中国産のタケノコ水煮を「国産」と「鹿児島産」に偽って七五二万パック、業務用一〇kg入り一六万缶、合わせて一年半に二六三〇トンを販売しました。愛知県の「たけ乃子屋」は、中国産タケノコ水煮二六〇〇トンを小分けして国産と詐称し、しかも社員の写真を生産農家の写真として商品に表示していました。また、この会社は輸入したフキやレンコン、ゼンマイ水煮の国産詐称も行いました。

さらに、タケノコ水煮の不正では、埼玉県の「(株) 広澤」が、二〇〇八年に中国産タケノコを「鹿児島産」と偽り九二〇トンを販売しました。二〇〇九年には「東明フルーツ」、「中尾物産」、

「(株) カトウ」その他三社のタケノコ不正が発覚しました。以上を合計しますと、判明しただけで七〇〇〇トンもの水煮タケノコが国産と詐称され、消費者は数十億円を詐取されたことになります。

また二〇〇七年には、中国産の塩漬け大根二〇〇トンからたくあんなどを作った「鹿児島漬物(株)」、滋賀県で製造した千枚漬四五〇トンを「京都産」に詐称した「(株) やまじょう」などの例があります。冷凍野菜は保存が容易ですから産地詐称が起こり、中国産などが国産とされます。東京の「キャセイ食品」は種々の野菜に中国産を半分まぜて、二〇〇八年の九か月間に七〇〇トンを出荷しました。これらは明らかな詐欺行為ですが、ＪＡＳ法による行政処分では、改善の指導や指示を受けたに過ぎません。指示の処分内容は公表されますが、購入した消費者には何の弁償もありません。しかも業者は罰を受けないのですから、恥を知らない業者は後を絶ちません。

ブロッコリー、カボチャなどは保存性が良好で、またどの国から輸入したものでもほとんど品質に差がありません。そこで、比較的高価で売れるアメリカ産野菜に、中国産その他の安価な野菜を混入する不正が起こりました。また静岡の百貨店が、アメリカ産野菜を「長野産」に、オランダ産の野菜を「千葉産」と詐称して、ＪＡＳ法違反の改善指示を受けた例がありました。

大阪市の第三セクターの輸入倉庫会社「大阪埠頭ターミナル」は、荷主の依頼でカリフォルニア産ブロッコリーの箱に、下請け業者を使って中国産を詰め替えていました。この不正は二〇〇四年に明らかなりましたが、二〇〇〇年から続いていたとのことです。また、トンガ産のカボチャを

「メキシコ産」、中国産ゴボウを「北海道産」、韓国産ミカンを「有田産」と詐称するなどの不正も行われました。このミカン事件が発覚する一年前に近畿農政局に不正の告発があったのですが、情報提供者が業者との接点がないとして放置されていました。

(3) 大豆加工食品、豆腐、味噌、納豆など

大豆加工食品には、豆腐、納豆、味噌、煮豆などがあり、「国産大豆使用」の表示が多くみられます。二〇一四年までの五年間の国産大豆生産量は年間一九～二三万トンで、近年の大豆自給率は七％程度になっています。なお輸入大豆は年間二七〇～三二〇万トンでその七割はアメリカ産であり、内外の価格差は二倍程度です。二〇一四年の大豆需要は三一〇万トンで、そのうち食用は九四万トン、国産大豆は二二・六万トンでしたから、食用に占める国産大豆の量はほぼ1/4になります。アメリカ大豆は九〇％以上が遺伝子組み換え作物（ＧＭＯ）なので嫌われ、非ＧＭＯの大豆が主に食用にされます。

国産と輸入を合わせた食用大豆の用途は、推計で豆腐用四七万トン、味噌・醤油用一六万トン、納豆用一一万トン、煮豆などを加えて全部で約七五万トンとされます。また農林水産省の調査では、二〇一四年の食用大豆中の国産比率は、豆腐が二八％、煮豆惣菜六八％、納豆三二％、味噌・醤油一一％、その他一〇％とされました。食用大豆の中で国産品は約二〇万トンで1/4程度ですから、「国産大豆使用」の表示も疑うべきと思われます。遺伝子組み換え（ＧＭＯ）大豆は、主に大豆油と大豆タンパク質、醤油と味噌の原料になり、粕は飼料にされます。

不当な食品表示の取り締まりがなかった二〇年ほど前には、「国産大豆使用」の表示の意味は「国産も使っている」場合が多く、豆腐店倉庫の原料は大部分がアメリカ産大豆でした。豆腐・納豆業界の規定でも、二〇〇〇年までは原料の五〇％以上が国産であれば、「国産大豆使用」と表示できました。しかし、現在はそれが一〇〇％でなければなりません。

二〇〇六年の大豆加工品の表示に関する農林水産省の調査では、全商品約一八万点のなかで「国産大豆使用」が一五・〇％、「有機大豆使用」が六・七％、「遺伝子組み換えでない」が九一・四％に表示されていました。このなかで適正でない表示は一・五％であったとされました。この調査は主に帳簿によりましたので、不正の発見は困難です。これらのなかで国産表示の三〇〇点について科学的な分析調査を行った結果、一〇％に表示違反が認められました。なお、農産物に「遺伝子組み換えでない」の表示が許されるのは、日本ではＧＭＯ混入が五％以下の場合です。しかしこの表示が許されるのは、ＥＵではＧＭＯが〇・九％以下、韓国は三％以下です。他方、アメリカではＧＭＯが一般に無表示でしたが、最近はバーモント州やメイン州など義務化すべしとする州が増加しています。しかし周辺の各州の賛同が必要で、二〇一六年末時点では実現していません。

(4)　産地などを偽装した表示の調査

先にも述べましたが、シイタケも産地偽装が多い食品で、中国産が「国産」に、国産品が「大分県産」など有名産地に詐称されます。農林水産省の干しシイタケに関する二〇〇四年の調査では、二万二千点の試料中二五％の不適正表示がありました。しかし、二〇〇七年の一万七千点の調査では一六％に減少しました。生シイタケの違反は少なく、二〇〇七年に二・四％でした。また、二〇〇七年に二五三点について、原産地の真偽を微量元素の分析で調査した結果は、五業者に詐称が確認されています。微量元素分析による産地判定の精度は高くありませんので、詐称が疑われるものがあった場合には、他の分析手法による確認が必要になります。

二〇〇六年に農林水産省は、ニンジン、ゴボウ、タマネギ、ニンニクなど六種について、約三千の小売店から集めた三万八千点について、帳簿類による原産地表示の調査を行いました。小売店の二・五％に原産地の不正表示がありましたが、商品全体中の不正は〇・三％と僅かでした。また、国産表示のある三〇七点について微量元素分析がなされましたが、結果は継続調査中とされ、現在も発表されていません。

2.6　有機（オーガニック）農産物

多くの消費者は、有機農産物が農薬などの化学合成品の残留がなく、より自然で安全であり、新鮮で栄養価に富み、有機農法は地球環境の保全に役立つと考えています。有機農法の意義は農業への総合的な取り組みの態度で、自然の多様性を育み、動植物に良好な環境を維持して、資源を再循環することです。有機農業の結果、ミミズや野鳥が増え、益虫が増えて害虫が減り、害虫を補食するクモの種類と数が数倍に増えることが知られています。

有機農法はヨーロッパやアメリカなど、夏場が乾燥する地域に適しています。政府の奨励策もあって、ヨーロッパの国々では有機農業の普及が進み、EU二七か国の有機農産物販売額は二〇〇八年に売り上げ全体の四%を超えました。農林水産省によると、二〇一一年にEUの有機農地の比率は、イタリアが八・六%、ドイツ六・一%、イギリス四・六%、フランス三・六%、アメリカ〇・六%、日本は全体の〇・三五%とされました。

夏が高温多湿の日本では作物に病虫害が発生しやすく、有機農業は北海道などを除くと実施が困難で、二〇〇九年の有機農産物の国内生産量は五・七万トンに過ぎません。この量は日本の農産物生産量約三千万トンの〇・二%です。また二〇一四年の農林水産省調査では、全農地に占める有機農地の比率は〇・二一%でした。他方、輸入される有機農産物や有機食品は、年による差がありますが、二〇〇六〜〇九年で年間八四〜二一三万トンもありました。輸入量の多い有機農産物は、サトウキビが二一〜一三七万トン、野菜は約一七万トン、大豆が約九万トンでした[5]。

(1)　有機農法と在来法による農産物の差異

有機農法による農産物と在来の通常農産物との間には、どのような差異があるのでしょうか。この問題については、過去にアメリカやイギリスで、政府機関、消費者団体などによる大規模な研究が行われました。それらの結果で得られた結論を一口で言いますと、「両農法による農産物に関して、人への健康影響に差は認められない」でした[6]。

有機農法でも農薬を使います。使用が認められた農薬では、例えば、古くから使われたボルドー液（有効成分は銅の化合物）や硫黄剤は病害に、除虫菊などは虫害に用います。しかし、ほとんどの化学合成農薬の使用は認められません。

農薬の残留については、在来農法による残存濃度は有機農法の三～五倍ありますが、それでも一日摂取許容量の一％以下が大部分で、最大でも摂取許容量の五％程度でした。したがって、どちらを食べても健康影響への差異はほとんどないといえます。作物に含まれる窒素成分は、有機農法の作物には硝酸塩が少なく、ポリフェノールと有機酸が多い傾向があります。植物中のポリフェノールや有機酸には、害虫や病原菌のカビに対して、植物自身を護る作用があります。有機農法では堆肥と厩肥を用いますが、施肥は収穫の九〇日以前に行うことになっており、作物に付いた微生物が有機農法の野菜に多いということはありません。このように、両農法の人の健康に対する影響は、プラス面とマイナス面の双方で差が認められていません。

それでも多くの国が有機農法に関する法律を作り、それを推奨し保護するのは、「優良な農地土壌の保全と生態系の維持のため」が大きな目的です。有機農法が世界的に広がりつつあるのは、その地球環境保全への役割を認め、支持する消費者が増えているためです。例えば、アメリカ西部のワシントン州やカリフォルニア州では、通常品の二倍の価格でも、有機農産物を購入する知識層が増えているとされます。有機農法には厳格な定めがあり、日本ではこれを守るのは大変です。しかし、農地の保全のためには、有機認証が受けられなくても、できるだけ有機的な農法を行うことが大切です。

一般に、在来農法から有機農法に移行すると収穫量は少なくなり、移行後の数年間は収穫量が減る傾向があります。これは土壌に化学肥料が入らず、化学薬品による殺菌・殺虫剤が使えないためです。しかし、完熟堆肥や木炭の施肥などで栽培に役立つ土壌菌が増え、植物は丈夫に育って収量は次第に回復します。在来農法と有機農法の収穫量について、アメリカでの大規模な比較研究の結果があります。作物による差はありますが、収穫量は豆類では大差がなく、有機農法の収穫量は在来農法より一〇〜二五%少なめとされます。また、有機農業には人手と経費がかかり、生産物の価格はどうしても割高になります。

(2)　有機農産物表示の不正

有機JAS法が制定された二〇〇〇年以前は、偽の有機農産物がかなり大量にスーパーなどで販売されていました。有機農産物の生産について、現在はJAS法に詳しく定められており、またそれを検証する機関があります。有機農産物とその加工食品のJAS規格に適合した生産の実施を、登録認定機関が検査し、認定された事業者だけが有機JASマーク（図2-1）を貼ることができます。登録認定機関は生産農家と生産業者からの申請を調査し、農産物に有機の格付けを行います。認定機関は海外にもあり、海外の認定機関は日本に輸入される産品を調べます。

一般のJASマーク

品目によっては、
等級が表示される

特定JASマーク
（JAS法－農林水産省）

熟成ハム類、熟成ソーセージ類、熟成ベーコン類、地鶏肉、手延べ干しめん

有機JASマーク
（JAS法－農林水産省）

有機JAS規格を満たす農産物等に付けられる
有機農産物
有機加工食品
有機畜産物

JAS規格のうち特別な生産や製造方法、特色ある原材料に着目したものが特定JAS規格。3種類のJASマークがある。

図2-1　JASマークの例

有機農産物は通常栽培品より高価で売られるため、輸入品を国産と偽るのと同様、「有機」を偽称すれば詐欺になります。農林水産省は一般の野菜類や穀類のＪＡＳ法違反の取り締まりとは異なり、有機ＪＡＳ法違反の取り締まりに関してはかなり厳格です。通常農産物のＪＡＳ法違反は改善の「指導」や「指示」で済まされますが、有機ＪＡＳ法違反は改善「命令」が多く、違反に関わった登録認定機関は、認定業務の停止や取り消しを受けます。このような認定機関への行政処分は年間数件程度あり、特に二〇〇五年は七件と多く公表されました。二〇一二年にも、佐賀県の有機農産物の登録認定機関が、登録の取り消し処分を受けました。また、二〇一四年には山梨市の「(株)ハッピーカンパニー」が、通常の干しシイタケに有機ＪＡＳマークを付けて、少なくとも二年間に七トン以上を販売し、是正を命令されました。

なお、作物の栽培が有機農法か通常農法であるかの科学的検証法として、窒素の安定同位体（同位元素）の比率による分析方法が行われます。空気中の窒素には原子量が14と15の原子があり、合成の窒素肥料は空気から作られますので、合成肥料を与えた土は空気と同様な窒素同位体の比を示します。しかし、有機農法では窒素が長時間かかって土壌に蓄えられ、その間に原子量が14の軽い窒素原子が空気中に飛散しやすいので、その土には重い原子量15の窒素が増えるためです。

有機栽培ではなくても、「無農薬」「無化学肥料」などを表示した農産物もあります。二〇〇四年に農林水産省が行った、「農薬・化学肥料不使用」の調査では、三千の小売業者が販売した四八万点の農産物中二・二万点（四・五％）の「不使用」表示がありました。「不使用」表示でも残留農薬の認められる作物もあり、このような表示は消費者の誤解を生みますので、現在は「栽培期間中化学合成農薬不使用」などと表示します。

有機農産物の詐称には、次のような例があります。レモン、オレンジなどの果実類を小分けする認定業者が、有機でないもの数十万個に有機 JAS マークを付けて販売した。農薬を使用した偽の有機バナナが、三年半にわたって販売された。有機栽培ではない原材料を用いた納豆、コンニャク、茶、ジャム、果汁、青汁などの加工食品に有機 JAS マークを貼付した。登録認定機関や認定された製造業者、販売業者が、慣行栽培農産物の米、小麦、大豆、馬鈴薯、小松菜、ほうれん草などを有機農産物と詐称した、などがありました。これら不正の規模は、数千～数十万個、数百キロ～数トンなどと様々でしたが、悪質なものには刑事告発がなされています。

2.7　食肉とその加工品

洋の東西を問わず肉の種類は偽られ、止むことがありません。スーパーマーケットが未発達であった頃は、精肉店の店頭で骨の付いた枝肉が切られて量り売りされました。そこでの不正はまずあり得ませんでした。しかし、現在はほとんどの肉がスーパーの裏方で処理され、小口包装されますので、消費者には肉の由来が分かりにくくなります。まして肉製品や調理済み食品ではそれが一層困難になります。特に高級な牛肉は高価なため種々の不正が行われます。さらに、「もどき食品」

に属する牛脂注入肉や成形肉のステーキ詐称があります。後に別途説明しますが、牛脂注入肉とは脂身の少ない硬い牛肉塊に、多数の注射針をもつ装置によって溶けた牛脂を注入する加工肉製品であり、成形肉とはくず肉などを酵素を用いて結合させ、肉塊に加工したものです。

二〇一三年に日本の畜産食品出荷額は五・五兆円で、三四・五兆円の食品製造業中で最大の部門です。国内で消費された肉類は、二〇一〇年に魚介類の一人当たり二九kgを抜いて、二〇一三年に三〇kgにまで増えました。肉類の消費量増加は食の欧米化が進んだことによりますが、魚介類消費の減少には価格高騰が影響しています。

二〇一三年の一人当たり食肉消費量は、牛肉六kg、豚肉一二kg、鶏肉が一二kgでした（農畜産業振興機構「食肉の消費動向」）。牛の枝肉（骨付き肉）は国産五一万トン、輸入七四万トンで、前記の牛肉六kgは骨を除いた肉の消費量です。同じく、豚肉は国産一二八万トン、輸入一二〇万トンで、鶏肉は国産一三八万トン、輸入七六万トンでした。なお、ハム・ソーセージ類の生産量は年間約五一万トンで、原料は上記の消費量に含まれます。肉類の消費は合計で一人当たり年間約三〇kgになり、加工品を含めて食品中で最大の消費金額になります。

畜産食品の問題は、それを国産と称しても畜産業の飼料は大部分がトウモロコシなど輸入穀物であり、飼料の自給率は一〇%程度に過ぎないことです。したがって、日本では肉、卵、乳の畜産物のほとんどが間接的な輸入品ということになります。

(1)　肉類の不正

中国のことわざ「羊頭狗肉」のたとえの通り、肉類に関する詐称や混ぜもの増量は昔から続いています。食肉の不正行為には次のようなものがあります。

① 高品質の肉に低品質肉を混合：高級肉に並肉を混合、牛挽き肉に豚や鶏の挽き肉を混合、合い挽き肉の豚肉比率の増加などがあります。

② 輸入肉の国産詐称：例えば、オーストラリア産牛肉を国産と詐称。輸入肉の国産詐称は数多く報道されてきました。しかし前述しましたが、逆に国産牛肉を輸入牛肉に詐称する例がBSE騒動の時に起こりました。これはBSEの国内発生によって国産牛肉が忌避され、オーストラリア産などの安全な牛肉の需要が高まったためでした。

③ 家畜品種の虚偽表示：ホルスタインの廃乳牛を「和牛」と表示、普通の豚を「黒豚」などと表示。牛の品種詐称は、牛肉のトレーサビリティ法制定で実行は難しくなりましたが、完全になくなった訳ではありません。

④ 国内産地と銘柄の詐称：松阪牛、神戸牛など有名産地の詐称。岐阜県の食肉販売会社「丸明（まるあき）」の事件が有名で、二〇〇八年に規格外の牛肉や馬肉を「飛騨牛」として販売しました。

⑤ トレーサビリティ法違反：この法律で国産牛の全てに識別番号が付けられ、生い立ちから

と畜までの履歴が記録されます。この制度によってＢＳＥなどが発生した場合の対策が容易になり、また問題が起こった場合の検査に備えて、牛肉の試料が三年間保管されます。この番号の無表示や、また詐称して輸入肉を国産と偽る、国内の産地や牛の品種を詐称する、死んだ優良種の仔牛の耳票を他の牛に付け替える、などが行われます。

⑥　牛脂注入肉・成形肉の詐称、肉以外の原料添加：二〇一三年秋の、ホテル・レストランによる虚偽メニュー表示で、牛脂を注入加工した牛肉や成形肉の存在が表沙汰になりました。なお、この技術は欧州で始まりました。

(2)　牛肉の不正

肉類の不正では、高額である牛肉に関するものが多く、古くは一九六〇年（昭和三五年）に主婦連合会が問題にした鯨肉入り牛肉缶詰め事件がありました。また、二〇一〇年までの八年半に行政処分を受けた食品の不正八九一件中、牛肉は一〇八件（全体の一二％）に達しました。この数は精米の一四六件（一六％）に次ぐものでした。ＪＡＳ法と公正取引法で処分を受けた牛肉不正で最も多いのが、牛肉のトレーサビリティ法違反の三三％で、肉の由来詐称が最多でした。次いで産地や有名銘柄の詐称が一八％で、輸入牛肉を「国産」と偽る例も一七％と多く、国産詐称の不正には学校給食用が七件ありました。廃乳牛を和牛などとする品種の詐称は一五％、賞味期限の延長・付け替えが六％、高品位肉に低品位肉混合、原材料名の表示違反が各々三％でした。福島の原発事故以降は、福島県産や宮城県産の牛肉を「鹿児島県産」とし、個体番号を偽った業者がＪＡＳ法違反の改善指示を受けました。

高品質肉に低品質肉を混合する不正は、世界的に行われています。近年、日本で露見した事件のなかで最も悪質であったのは、「ミートホープ」の牛ミンチ（挽き肉）事件でした。海外では、二〇一三年一月にアイルランドの食品安全庁が、ビーフバーガーなどへの大規模な馬肉と豚肉の混入を摘発しました。この事件については後述しますが、ＥＵ全体の問題に広がりました。その他肉製品の不正には、缶詰めなどの畜肉に脂肪や筋を混合する例があります。

銘柄牛詐称では二〇一四年に、「木曽路」大阪北新地店ほかで「松阪牛」と称した肉料理にノーブランドの和牛を二年以上用いていたとして、消費者庁の措置命令を受けました。

畜肉以外の物質による増量行為には、肉塊に卵白その他の異種のタンパク質や増粘剤などの添加で、保水性を高めて水増しする不正があります。また、肋骨などの骨には肉が付着していますが、この肉はボーンミールとよばれ、機械的な方法で回収されます。この種のくず肉を再生する方法では、トランスグルタミナーゼという酵素が利用されます。この酵素は肉の接着剤の作用があり、くず肉に用いると肉のタンパク質が結合して肉塊になります。この技術は成形肉に用いられ、また、この酵素をソーセージなどの肉製品やかまぼこなどに用いると、弾力性が増加します。成形肉や牛脂注入肉はそのことを表示すれば問題はありませんが、二〇一三年秋のホテル・レストランの虚偽表示では、ステーキとして提供されました。

加工肉製品では、コーンビーフ缶詰めの原料を詐称したり、カルビなど牛肉加工品の原産地を偽る例が多数ありました。これらの違反では、JAS法違反で罰を受けた業者はありませんでしたが、公取法違反で排除命令を受けたり、不正競争防止法や詐欺罪などで、複数の業者が起訴されました。二〇〇七年に大阪で、サーロインステーキ肉の詰め合わせに牛脂注入肉を用いた業者が公正取引委員会の排除命令を受けています。二〇一三年十月末に公表された阪急阪神ホテルズのレストランでの虚偽表示問題は、全国的に波紋を広げました。同年十二月には、全国の有名ホテル一八〇施設、百貨店の一三二店、その他で虚偽表示が判明しました。これらの中にも、有名産地の詐称や牛脂注入肉をステーキとして提供した例がありました。

(3)　黒豚のうそ

一九九八年に判明した「黒豚」の虚偽表示は大きな問題となりました。大企業の多くの肉製品に「黒豚」と原料表示されていましたが、一九九九年に朝日新聞が調べた「黒豚」表示のハムと豚肉六種のDNA鑑定では、全てが虚偽表示でした。さらに二〇〇二年には、「南日本ハム」が製品の原料を「鹿児島県産黒豚」と偽った不正が露見しました。このような不正はDNA鑑定で容易に判定できますので、現在は大規模な違反が減っています。

(4)　馬肉の不正

特殊な例として、輸入の馬肉に馬の脂身を注射して、偽の霜降り肉の「馬刺し」に仕立てた例があり、公取委から排除命令を受けました。この「馬刺し」は主要な居酒屋チェーン三社で二〇〇七年まで販売され、各社は数億円を売り上げていました。キロ当たり約一万円である本物の馬刺しと比べ、偽物の価格は半値以下でした。

馬刺しでは熊本県産が有名ですが、熊本県産の馬は二〇〇頭以下と少なく、県内の加工業者は大半をカナダから輸入していました。二〇〇五年までは当時のJAS法で、輸入した動物を国内で三か月以上飼育すると「国産」の表示ができました。現在は飼育期間が最も長かった飼育地が原産地になりますので、馬刺しは「熊本県産」から「熊本産」に変わりました。この表示は〝熊本で加工した〟の意味で、消費者には分かりにくいのですが、静岡県沼津市で加工されたノルウェイ産のアジが「沼津産」になるのと同じことです。なお、国連の世界食糧機関（FAO）は、加工食品の産地を「最終的な実質的加工がなされた場所」と定めています。

二〇一二年に、石川県や長野県で生食用の馬刺しを食べた客に出血性大腸菌O-157中毒が発生しました。長野県警の捜査で、大手の馬肉専門加工業者「大成」が加熱調理すべき馬肉三二トンを、生食用と偽って販売したことが分かりました。大成の輸入馬肉販売の国内シェアは四割以上で、二〇〇〇社に販売していました。不正表示の食品が健康リスクにつながった例といえます。

(5) ミートホープ事件

肉製品の不正で最も有名になったのは、二〇〇七年六月に発覚した北海道苫小牧市の、ミートホープ社の事件でしょう。この会社は従業員約一〇〇名、グループ全体で五〇〇人にもなる、道内有数の食品加工卸しの企業でした。T社長は食肉業の専門家で、製造機械の創意工夫で文部科学大臣賞を受けたこともありました。

同社ではT社長の指示で多くの不正が行われましたが、内部告発や情報提供のあった最大の問題は、牛ミンチ肉（挽き肉）原料のあまりの酷さでした。「牛肉一〇〇％」と表示しながら原料のほとんどが豚肉であったり、鶏肉を混ぜたり、腐りかけた肉を殺菌して加えたこともあったとされました。さらに、肉の赤み付けに豚の心臓を使ったり、その他の内臓や鶏の皮を加えたりしていました。同社のミンチ肉などの不正行為は、創業七年後の一九八三年から始まったとされ、典型的な「粗悪品混合：adulteration」の事件でした。

農林水産省などが確認した同社の不正は一三項目でした。それらは、年間約四〇〇トンの偽の牛ミンチ肉を、市価の二～三割安で大手食品加工業者に販売、輸入した牛肉や鶏肉の国産詐称、牛脂に豚脂を混ぜて販売、製品の賞味期限延長、豚のミンチ肉に内臓混合、冷凍食品のフライドチキンやコロッケの賞味期限改ざん、返品や売れ残り商品の再利用、虚偽の細菌検査証明等でした。ミートホープ社は二〇〇七年七月に自己破産手続きにより倒産しました。同年十月に社長ら四人は不正競争防止法（虚偽表示）で逮捕、また詐欺罪で追送検され、社長は二〇〇八年に懲役四年の実刑判決を受けました。

偽の牛ミンチ肉は「北海道加ト吉」などに販売され、コロッケなどに加工されました。製品は親会社の「加ト吉」から「コープ連合会」など二五社に販売され、学校給食でも使われました。不正なミンチを用いた加ト吉の加工製品は年間約七千トンと推定され、大量供給をうけたコープのコロッケは、五年間で二五〇〇万個とされました。農林水産省の検査機関（FAMIC）が、加ト吉の牛肉コロッケ三〇例を分析した結果、牛肉原料は五例、主に豚肉が二五例で、その豚肉中に鶏肉を含んだものが九例でした。

この事件では、行政があいまいにしたいくつかの問題があります。二〇〇二年に元工場長が行った不正の告発は無視され、また当時の常務取締役による、保健所と警察への告発も受理されませんでした。さらに、この常務は告発を進めるために二〇〇六年に退職し、退社した同僚も加わって、四月に告発文を北海道新聞とNHKに送りましたが無視されました。また同年の春先に、同社の幹部が農水省の北海道農政事務所に問題の挽き肉を提出して検査を依頼しましたが、受け取りを拒否されたとのことでした。さらに、北海道庁が複数の人から同社の不正情報九件の提供を受けていながら放置していました。そこで元幹部らは二〇〇七年春に朝日新聞に告発を行い、記者が依頼したDNA鑑定の結果、コープの牛肉コロッケから豚肉が検出されました。朝日新聞が同年六月に報道した記事で事件は急展開することになり、加ト吉本社も検査の結果この事実を追認しました。

このように、何回も告発を受けながら、長期間にわたってそれを放置した行政の怠慢は驚きです。「雇用者数や納税額の多い企業の不正には、行政は触れたがらない」と言われても仕方ありません。農水省と北海道庁は互いに責任を転嫁する始末で、なんとも情けない思いが残ります。もう一つ不思議に思うことは、偽の牛ミンチを購入した食品会社が、その安値の由来を疑わず、なぜ不正に気づかなかったかということです。まさか、それと分かっていながら「混ぜれば分からない」と考えたのではないでしょうが、油断したのは間違いありません。

なお、この事件まではJAS法は食品の最終製品だけに適用され、食品の原材料には適用されていませんでしたが、その後、JAS法が改正されて原材料への内容表示が義務化されました。

(6)　牛ミンチ肉の不正は世界的――馬肉の混入

ビーフバーガーは世界的に普及する食品で、主原料の牛のミンチ肉は安価な豚肉などでしばしば増量されます。ミートホープ社ほど悪質ではありませんが、二〇一三年一月にアイルランドの食品安全庁が市販ビーフバーガーの原料肉のDNA検査を実施したところ、馬肉混入品が三七%、豚肉混入品が三五%ありました。また、ビーフパイやビーフラザニアのDNA検査でも、六八%に豚肉混入が認められました。

さらに、大手スーパーなどで販売された製品のDNA検査によると、ビーフバーガーで豚のDNAが製品の八五%に、馬のDNAが三七%に認められ、多いものでは肉の量で二九%が馬肉という製品がありました。またビーフパイなどの牛肉製品では、六八%に豚のDNAが検出されました。EUでは馬肉価格が牛肉の1/4程度で、置き換えによる利益は小さくありません。大手スーパー各社は商品の検査を行い、不正商品の回収が進められました[7]。

イギリスの食品基準庁（FSA）も直ちに調査を開始し、また欧州委員会もEU加盟各国に対して牛肉製品への馬肉混入検査を勧告しました。その結果、馬肉混入が認められた国は、少なくとも八か国に及び、全欧州で検査が行われた結果、最終的には牛ミンチ肉への馬肉混入は全体の五％程度とされました。イギリスのビーフラザニアの場合は、ルーマニア産の馬肉が複雑なルートを経てフランスの業者が販売し、冷凍食品に加工されていました。また、アイルランドの食肉会社の、ポーランド産「馬肉入り」牛肉が判明しています。

(7)　比内地鶏などのブランド鶏肉

ミートホープ事件に続いて二〇〇七年には、伊勢「赤福」の日付の不正問題や回収品の再使用、「船場吉兆」の賞味期限延長、牛肉や鶏肉の産地詐称と料理の使い回しが発覚しました。またこの年には「比内鶏」の詐称事件が起こりました。比内鶏は秋田県大館市に伝わる日本固有の鶏で、天然記念物に指定されています。また、名古屋コーチン、薩摩地鶏と並んで日本三大地鶏とされています。比内鶏は美味ですが商業的な繁殖が困難なために、外来種と掛け合わせた雑種を比内地鶏として生産しています。秋田県は、特産品である比内地鶏を全て放し飼いにすることを定めており、二〇〇六年には約七三万羽が出荷されていました。

この名声を悪用したのが食肉加工会社の「比内鶏」でした。同社は、産卵の減った通常の廃鶏を原料に用いて、鶏肉のくん製、味噌漬け、つくね、肉団子などの一五品目の製品を「比内地鶏」と称して販売しました。くん製などに加工すると肉の由来は分からなくなるため、同社は三〇年前から安価な廃鶏を原料にしたとされます。また同社は、賞味期限切れ前の真空パック肉の表示を改ざんするなどの不正も行っていました。「比内鶏」のＦ社長は二〇〇七年、懲役四年の実刑判決を受けました。このように不正を働く業者は多くの場合、複数の不正を重ねています。

前述しましたが、二〇一三年の鶏肉消費量は枝肉で国産一三八万トン、輸入七六万トン、合計二一四万トンでした。輸入鶏肉の九〇％はブラジル産で、価格は国産の六割程度と安価ですから、産地詐称の誘因は強いとみられます。過去にも二〇〇三年に「丸紅畜産」仙台支店が、約十年にわたって年間数十トンのブラジル産鶏肉を、箱を詰め替えて国産に詐称した例がありました。また、先にも述べましたが、「全農チキンフーズ」がコープネットに大量の輸入鶏肉を国産と詐称して販売し、これを売ったコープは組合員に一四億円を返金しました。この事件で、全農は四億円をコープに支払って和解しました。過去のほとんどの食品詐欺事件では、消費者の損害は常に無視されましたが、この事件は消費者の損害が補償された数少ない例の一つと思われます。

特に悪質な例を除きますと、鶏肉の不正に対する行政処分は過去十年間に二〇件程度しかありません。これは鶏肉や卵が安価であることから、不正の規模があまり大きくないためと思われます。しかし実際は、輸入品の国産詐称、有名産地の詐称、地鶏や平飼い卵などの詐称などがかなり行われているものと推定されます。鹿児島県と宮崎県はブロイラーの主要産地で、両県で国全体のほぼ1/3が生産されていますが、両県は大消費地ではないにもかかわらず鶏肉の輸入量が非常に多いのは不思議なことです。

2.8　魚類と水産食品

国連の食糧農業機関（FAO）によると、藻類を含む世界の水産物生産量は、二〇一一年一・五四億トン、二〇一四年一・九六億トンとされ、増加分は養殖によっています。またFAOは警告を発し、現在の漁獲は長期間にわたって持続可能である最大限にまで資源が利用されており、過剰漁獲である可能性があるとしています。日本はかつて世界一の水産国でしたが、海洋保護の視点による資源の適切な管理と規制が行われず、乱獲によって沿岸海域の水産資源が減少しました。二〇一四年の日本の水産物漁獲量は四七七万トンで世界第七位であり、逆に水産物輸入量は世界一になっています。

世界の動物性タンパク質の消費量中、魚介類の占める割合は平均三〇~三五％です。日本人一人当たりの魚介類消費量は、過去に主要国中一位でしたが、二〇一二年にポルトガルと韓国に抜かれました。この三国の一人当たり消費量は大差はありません。農林水産省の調査では、魚介類消費は二〇一一年に一人一日当たり一四一g、年間では五一・五kgでした。しかし、魚介類は不可食部が多いため、実際は一日当たり約八〇ｇの消費で年間二九kg程度です。

過去には魚介類の消費が肉類より多かったのですが、二〇〇六年頃から逆転し、肉類の消費は二〇一一年に一人年間三〇kgになりました。なお二〇〇九年の魚介類の供給は、食用と飼料用で不可食部を含め九一九万トンでした。日本人の魚介類消費は毎年減少しており、また、国内の漁獲量が減って輸入が増加し、二〇一一年の自給率は六一％になりました。生鮮と加工された水産食品の出荷金額は二〇一〇年に三・一兆円と、畜肉食品五・三兆円、パン・菓子四・六兆円に次いで三番目の規模でした。

二〇一一年三月の東日本大震災の津波で、東北三県と茨城県の漁業は大きな被害を受け、それ以降減産が続いています。日本全体の漁獲量におけるこの地域のシェアは約一六％で、一年後に漁業の約六〇％が生産を開始したとされますが、回復にはまだかなりの時間がかかるとみられます。

日本的な食生活が健康的であると評価され、健康志向の高まりで魚介類の消費が世界的に増加しました。このような状況下で、世界の先進国は持続可能な漁業資源の管理を始めています。今後は水産物価格の上昇が避けられず、種々の不正の誘因が増すと予想されます。鮮魚のままであれば魚種を偽ることは困難ですが、切り身になったり加工されたりすれば魚種の真偽は分かりにくくなります。

(1) 魚介類にはどのような不正があるか――農林水産省の調査

魚介類とその加工食品の表示にも種々の不正があります。それらの主なものは、ＪＡＳ法による表示違反で、名称（魚や海産物の種類）の詐称、原産地（国内産地と輸入品）の詐称、「養殖」の無表示、凍結後「解凍」の無表示などです。

農林水産省は二〇〇四年に、小売業三千店からの生鮮魚介類一三・四万点について、表示内容の帳簿による調査と、「養殖」記載のない試料三〇〇点の成分分析による検査を行いました。その結果、五二八店舗の二八〇〇点（全体の二％）の表示に、名称、原産地、解凍、養殖が記されておらず、一九二店で事実と異なる不正な表示が認められました。さらに、養殖表示のない魚肉に関しては、二〇店舗が不正な表示を行っていました。義務表示の欠落していた店舗は、名称三・〇％、原産地七・七％、解凍三・三％、養殖三・六％でした。

また農林水産省は二〇〇五年に、アサリの原産地表示の帳簿による調査を行い、小売店一七六三店の二二八〇点、卸売業者一三三店の二三四点を調べました。その結果、小売店では原産地表示などが一・九％、根拠のない（嘘の）原産地表示二・七％で、違反は計四・六％でした。卸売業者では、根拠のない表示と原産地の記載がないものが五・五％でした。さらに卸売業者から輸入業者にさかのぼった調査では、産地の無表示と根拠のない産地表示が合計で一六・四％と、流通経路をさかのぼるほど違反が増加しました。このことは、販売の大元から小売末端にいく過程で、不正な原産地表示がなされたことを意味します。

同じく二〇〇五年のマグロの帳簿類による調査では、三千の小売店の約一・七万点を調べた結果、九・三％の店に不正な表示が見つかりました。その内容は、原産地表示違反が六・六％、名称（マグロの魚種）が一・〇％などでした。また、マグロ三〇〇点について行われたDNAなどの検査では、一五点（五％）が魚種と原産地を詐称していました。なお、卸売業など中間業者の一四・三％に表示の欠落や不正が認められ、やはりアサリと同様に流通経路をさかのぼるほど、無表示などの問題が多いことが分かりました。

これらの小売店調査は抜き打ちではなく、事前に通告してから行われたため、不正があれば業者は事前に偽装工作をしているはずです。したがって、見つかる違反は実際より少なめになると思われます。そのため、流通経路をさかのぼって追跡調査を行えば、違反の率が増加するのは当然と思われます。例えば、冷凍されたマグロ類は世界中から輸入されますが、やはり日本船籍の漁獲が歓迎されます。そこで、この種の産地詐称が行われ、例えば東京の「三上水産」は、七年間にわたって外国産の冷凍メバチマグロを「日本・太平洋産」として販売していました。

二〇〇九年に農林水産省は小売店三千店について、魚の干物二万点弱に対する調査を行いました。その結果、四七〇〇点の商品（全体の約二四％）に表示の欠落などの適正でない表示が認められ、同省は改善の指導などを行いました。表示違反の内容は、原材料名一一三〇件、原料原産地一二〇五件、賞味期限一四八六件、製造業者名と住所の欠落が一三六五件と多数を占めました。干物に表示違反が多いのは、製造を小規模な業者が担っているためとみられます。

(2) 魚介類に多い産地の詐称

(i) 鮮魚の詐称

遠洋で獲られるマグロのように、直ちに凍結されて貯蔵し流通される魚種では、産地による品質差はそれほど大きくないとみられます。また、アジ、サバ、イワシなどの沿岸や近海の魚でも、関サバや関アジなど特別の例を除きますと、鮮度による品質差があっても、産地による品質差はそれほど大きくありません。一方、凍結して輸入される近海魚は解凍して販売されますが、冷凍した中国産のフグやアンコウを、「解凍」の表示なしで「国産」「山口県産」「熊本県産」などとして販売した例がありました。「広島魚市場（株）」は二〇〇七〜〇八年の間に、中国産と韓国産のタチウオ、サワラ、アンコウ、ブリなど二二〇トン以上を「福岡県産」と詐称して販売しました。

有名産地やマグロ類などの魚種を偽ったり、養殖魚を「天然」と偽る例は数多くあります。二〇〇六年に日本生協連は、アメリカ産の冷凍マダラを「ベーリング海産」と偽って五〇万パック、ロシア産の冷凍カレイを「カムチャッカ沖産」などとして一〇一万パック販売しています。他の例では、ロシア産カレイの切り身を「カナダ産」に、各地で養殖されたブリを「熊本県産」と詐称、養殖のサケやブリに「養殖」の表示をしない、キハダマグロの切り身をより高価な「メバチマグロ」と表示した、などの例がありました。これらの違反には二〇〇八〜一〇年にＪＡＳ法の改善指示がなされました。

二〇一一年には、富山県氷見市のブランド魚である「氷見の寒ブリ」の詐称が東京築地市場で問題になり、氷見市の「(株) 浅吉」の不正が発覚しました。さらに同年、食品衛生法上かなり悪質な例ですが、「(株) ＲＤＣ」は「がってん寿司」の店舗で、「無菌生かき」の表示をしていましたが、無菌化の加工は行っておらず、消費者庁から措置命令（違反内容の広報と回収）を受けました。また、京都府の「(株) カワセ」は同年、ノルウェー産の養殖サケを「キングサーモン」と表示したり、養殖や解凍したチリ産のサーモントラウト（ウミマス）に本来の表示を行わず、「生鮭」として販売しました。

マグロ類には値段の高いものから、クロマグロ、ミナミマグロ、メバチマグロ、キハダマグロ、ビンナガマグロになります。これらの価格はさらに、冷凍と生鮮、天然と養殖、産地などで異なってきます。しかし、切り身や刺身にされると魚種は不確かになり、特にねぎとろなどに加工されますと、さらに魚種の判別が難しくなります。そこで、キハダをメバチに偽るなど、より高価な魚種に表示する不正が行われます。本来、ねぎとろにはクロマグロの中落ちを用います。しかし、キハダやビンナガなどの安価なマグロに、偽装専用の油脂を練り込んだ模造品が製造販売され、「本マグロ」などと魚種を偽った業者が改善指示を受けています。

以上のような不正に関して、加工を含む魚介類の取り扱いは小規模の業者が多く、それらの表示が適正であるか否かの検査はあまり行われてきませんでした。二〇〇七年頃から不正表示に対する取り締まりが増えてきましたが、小規模企業が多いので、このような表示違反が今後も続くものと考えられます。

(ii) カニ類

カニ類の不正では、山陰のズワイガニが「ロシア産」であったり、常磐沖でとれたズワイガニが、陸路で福井に運ばれて「越前ガニ」に、島根に運ばれて「松葉ガニ」になったりします。二〇〇六年にはロシア産のズワイガニを兵庫の「城崎産」と偽って、「(株) 朝日パル」社が公正取引委員会（公取委）から排除命令を受けています。二〇〇九年には、「日本水産（株）」が生産した「ずわいがにコロッケ」の中身が安価なベニズワイガニであったため、公取委の排除命令を受けました。また「日本ハム（株）」は、ベニズワイガニ使用の魚肉ソーセージに「ズワイガニ」と表示し、JAS法の改善指示を受けました。

ロシア産のズワイガニやタラバガニの国産詐称は続いており、時折JAS法違反で改善指示の行政処分が公表されます。中にはロシア船から買ったカニを日本でボイルし、日本産として中国に輸出して殻を取り、袋詰めしてから日本に再輸入して「国産」にした例がありました。ロシア産のズワイガニやタラバガニ、毛ガニでは、ロシアの漁獲量統計と日本の輸入統計に大差があり、二〇〇四年の調査で輸入量の約八割が密漁品との推定がなされました。カニの密漁と輸入はその後も続いており、二〇一二年秋には、日本とロシアの政府間で密漁防止策を含めた協定が結ばれました。

(iii) 貝　類

宮城県は広島県に次ぐカキの産地ですが、二〇〇三年に仲買業者が韓国産のカキ三六〇トンを国産に詐称した事件がありました。二〇〇七年には、茨城県のシジミ問屋四社が中国、韓国、北朝鮮からの輸入シジミに国産品を混ぜて「茨城県産」、水戸の「涸沼産」などと表示して市場業者一四社に販売しました。さらに、それらの市場業者は不正を知りながら偽の表示で販売していました。二〇一〇年には、一一四トンのロシア産シジミが島根の「宍道湖産」に詐称され、二〇一二年暮れには大阪と福岡の八業者による、中国産シジミの国産詐称が摘発されました。また下関の「東洋水産加工」は二〇一三年に、ロシアや中国産のシジミ四〇トン弱を「涸沼産」などと偽って販売して農水省の改善指示を受けました。この行為は過去八年間続けられたとされました。

アサリの不正では、福岡の「九州水産（株）」は二〇〇八年に、中国産と韓国産のアサリ約四六〇〇トンを仕入れ、「福岡産」「有明産」と称して販売していました。別の例では、輸入した八六〇トンの中国・韓国産アサリを「熊本産」や「有明産」と詐称したり、輸入のアサリ一二〇〇トンを「熊本産」「福岡産」と詐称した事例が二〇一一年に発覚しています。これらの不正は架空取引によって隠蔽されていました。

ハマグリについては、二〇〇九年に中国産ハマグリを「大分産」と詐称し、また、千葉の「九十九里浜養殖」と詐称した例が摘発されています。また二〇一〇年には、大阪の「光洋（株）」が韓国産の生サザエを「島根県産」と詐称し、消費者庁から措置命令が出されました。

四千トン以上ものアサリを国産と偽って売れば、これは大変な詐欺行為で、消費者は二〇億円も詐取されたことになります。日本以外の国では、このような行為は大規模な犯罪になります。しかし日本ではＪＡＳ法の改善指示で済まされ、この法律で罰を受ける業者は希です。一方、公取法や不正競争防止法違反に問われますと、かなり重い罰を受けることになります。

(3)　水産加工品

先にも述べましたが、ＦＡＯの定めたコーデックス*では、加工食品の産地は最終的に実質的な加工がなされた場所です。これに従えば、ノルウェー産のアジが沼津で開きに加工されれば、「沼津産」になるはずです。しかし、ＪＡＳ法では原産国がノルウェー、加工地は沼津になります。海産物を原料とする加工品では産地詐称は生鮮品より容易になり、また時には賞味期限の付け替えも行われます。

二〇〇九年に甲府市の業者が、台湾産カジキマグロを粕漬けにして産地を「静岡県清水港」とし、また添加物の記載順序を偽るなどの表示で、一年間に二・二万パックを販売しました。同年、山口県の「(株)日高食品」は、トラフグのスープなど九〇万パックに、根拠のない賞味期限を表示して販売しました。同じく山口県の六業者が、フグ茶漬けなどの加工品について製造日を偽り賞味期限を延長するなどして、約一年間に合計四三万個を販売しました。これらの各社はＪＡＳ法の改善指示を受けました。

鰹の削り節では、業界一位の「ヤマキ（株）」が、高級品である「枯れ節」を偽り、国産と輸入を表示せずに、一年間に一七八〇万袋（五八〇トン）を販売しました。しかも、このうち二六〇トンには不正にＪＡＳマークを付けていました。これらの不正は二〇〇九年に発覚しましたが、二〇〇三年から行っていたとされます。また削り節業界二位の「マルトモ（株）」は、静岡県焼津産の鰹節を鹿児島県「枕崎産」と偽っていました。

アジやサバの干物は長崎県産が有名です。福岡市の「ジャパンシーフーズ（株）」は、千葉県や和歌山県など太平洋沿岸でとれたアジとサバの製品を、長年にわたって「長崎県産」と偽って販売し、二〇一三年に農水省の改善指示を受けました。また、漁業国のノルウェーからは冷凍魚が輸入され、日本国内で加工されます。福井県の「小浜海産物(株)」は輸入したサバを「へしこ」に加工し、国産と偽って二〇一三年の半年間に一・二万パックを販売しました。

静岡の「小倉食品（株）」は、国産の煮干し魚類を小分け包装し、その産地を「瀬戸内海産」や「長崎産」と偽って三三トン（六三万袋）を販売し、二〇一二年末にＪＡＳ法違反による改善指示を受けました。また、塩蔵わかめなどのワカメの加工品でも、中国産ワカメなどを、有名な徳島県「鳴門産」に詐称する例があり、鳴門市の「マルナガ水産」の社長が逮捕されています。ヒジキについても、大分県の業者が韓国産のヒジキを使用して干しひじきに加工し、「対馬産」と詐称して三九トンを販売し、二〇一三年にＪＡＳ法違反の改善指示を受けました。

＊コーデックス：国連の食糧農業機関（ＦＡＯ）は、加盟各国が食品や食品添加物に関して遵守すべき規則を定めており、それをコーデックス・アリメンタリウス（食品法典）といい、一八三か国が参加している。

(4) アメリカでの魚種の虚偽表示

熟年世代以上の日本人は魚種とその味についての経験が豊富なので、欺すことはそう簡単なことではありません。しかし若い消費者では、特に魚が切り身にされれば、魚種の判別ができない人が増えています。近年、魚食が増加しつつある欧米では、魚種の識別ができない消費者が多いため虚偽表示が多く、またカニカマボコなどの水産練り製品でも原料魚の虚偽表示が横行しています。しかし、これら魚種の不正はＤＮＡ検査によって容易に判別されます。

二〇一三年二月にアメリカの食品医薬品庁（ＦＤＡ）は、環境保護団体「オセアナ」の行った魚種の不当表示調査について発表しました。二〇一〇～一二年までの三年間、二一州の寿司店、レストラン、小売店から集めた魚介類の試料一二一五点をＤＮＡ検査した結果、それらの三三％が虚偽表示でした。フエダイ＊表示の八七％が他の魚で、特に赤フエダイ表示の一二〇試料中本物は七例であり、マグロ表示の五九％が虚偽表示でした。虚偽表示が多かった店舗は、寿司店の九五％、レストランの五二％、小売店の二七％でした。これらの魚種詐称が、漁船から流通業者を経て末端に達する間のどこで発生したかは調べられていません。しかし、このような状況の改善を求めて、連邦トレーサビリティ法の強化が議会に諮られました。

多くの先進国で輸入食品が国産と偽られます。アメリカではナマズのフライが珍重されますが、二〇〇五年にベトナム産のナマズが「アメリカ産」に詐称され、多いときにはフライ製品の六〇％に達しましたが、近年は二〇％以下に減少したとされます。

＊フエダイ：同じスズキ目の魚であるマダイ科のマダイ（鯛）に似ているが、フエダイ科に属する。

2.9　果汁、茶、種々の加工食品

(1)　果汁の不正

日本で一〇〇％果汁が普及したのは、高度成長期に輸入が自由化された一九九〇年代でした。欧米での果汁消費は一九五〇年代から増加し、特に一九七〇年代はオレンジ果汁の消費が急拡大しました。当時の主要産地はアメリカのフロリダ州でしたが、一九八〇年代にブラジルからの凍結濃縮オレンジ果汁の輸出が始まりますと、果汁は国際的商品になりました。特にヨーロッパではオレンジ果汁の消費が多く、果汁類の約六割はオレンジが占めています。欧米では以前から果汁の不正が多く、その真正検証法が発達しました。過去にアメリカでも、オレンジ果汁やリンゴ果汁の大規模な水増しの不正が多数摘発されました。

日本国内の果汁生産は少なく、二〇〇九年に五倍濃縮果汁換算で、国産果汁が三万トン強で、輸入濃縮果汁は三七万トン弱でした。国内ではリンゴ果汁の消費が最も多く、濃縮果汁として、国産が約二万トン、中国などからの輸入が八万トン程度になっています。近年の濃縮オレンジ果汁の輸入は八万トン程度で、主にブラジルからタンカーで運ばれてきます。これらの濃縮原料は、一〇〇%還元果汁、果汁入り飲料、その他の果実飲料に加工され、二〇〇九年には全体で一一八万キロリットルの生産がありました。日本には年間約五万トンの濃縮ブドウ果汁が輸入されますが、これらのほとんどは飲用ではなく、通常の濃度に薄められて、国産葡萄酒の製造原料として用いられます。

濃縮果汁には国際規格があり、添加が許される原料としては、リンゴ果汁へのビタミンC、オレンジ果汁への糖（但し、「加糖」の表示を要す）、ブドウ果汁への有機酸とビタミンCなどがあります。しかし、多くの先進国の果汁規格は国際規格より厳格で、果汁以外の成分の添加を禁止しています。

日本のJAS規格には、果物から搾ったままのストレート果汁と、濃縮した果汁を本来の濃度近くまで水で薄めた還元果汁の規定があり、これらは殺菌されて出荷されます。ストレート果汁には、ビタミンCの添加を除き果汁以外の成分の添加はできません。還元果汁については表示の必要はありますが、添加できる糖類、天然香料、有機酸などの範囲が定められています。これら成分の添加で風味の改善は可能になりますが、糖類と有機酸の添加は不正な果汁水増しの初歩的な手段なので、真正の判定が困難になります。

世界的に加工食品への混ぜものや水増しは多いのですが、そのなかでも特に果汁への不正が数多く報告されています。二〇世紀後期の食品不正と、その検証のための分析技術との戦いは、果汁の真正評価に代表されるといっても過言ではないでしょう。EUの果汁・ネクター産業協会（AIJN）は、果汁類の真正評価の検査規定を作り、約五〇項目の分析値について数値の範囲を示しています。他方、アメリカでは果汁類の定義と製造法などを明確に定めており、製品の不正取り締まりは食品医薬品庁（FDA）が行っています。

しかしアメリカでは、過去に無果汁で一〇〇%人工のオレンジ果汁やリンゴの果汁が売られ、多くの経営者が罰せられました。世界的に果汁の不正は多く、オレンジ果汁についてイギリスの農水食料省が一九九〇年に行った検査では、試料の3/4が不正表示でした。また一九九七年のEUの調査では、市販品の1/3が不正商品でした。

日本が輸入する濃縮オレンジ果汁は、ブラジルの二社で大量生産されていますので、原料の不正はまずありません。しかし、リンゴ果汁の生産では小規模な業者が多いため、原料段階での水増しが多いとされています。日本では報道されませんが、市販の天然果汁と果汁入り飲料に、かなりな数の不正の可能性が認められています。果汁の不正はほとんどノーチェックですから、日本の果汁は二〇～三〇年前の欧米のような状況かもしれません。

農林水産消費安全技術センター（FAMIC）は、一九九八～九九年に原料濃縮果汁の七四試料と、市販の一〇〇％還元果汁九二試料について、糖類、有機酸、ミネラル、主要アミノ酸を分析しました。FAMICは果汁の検査結果による真偽判定は行っていないので、これら四種の成分だけでは真偽判定は困難ですが、EUの共通果汁判定基準によって成分範囲を調べた結果、基準外のものが、原料果汁で六二％、製品果汁で四七％に上りました。例えば、酒石酸はブドウ果汁にしか含まれませんが、酒石酸を含むリンゴ果汁やオレンジ果汁がありました。これらは本物ではなく、安価な白ブドウ果汁で水増しされた可能性があります。また逆に、リンゴ酸を含まないリンゴ果汁もありました。しかし、このように多数の原料が水増しされているとも考えにくく、真偽の判定にはさらに多項目の正確な分析が必要です。

二〇〇一年に、女子栄養大学がリンゴ果汁について、一〇〇％果汁と果汁入り飲料の一二試料を分析した結果があります。真正と見なされるものが一〇〇％果汁で二種、他は不正商品と見られました。一〇〇％果汁には果汁三〇％のものがあり、二〇％果汁入り飲料は五種が果汁一〇％以下で、果汁ゼロ飲料が一種あったとされました 8)。

このような不正がありますと、純正な製品を供給している公正な業者は大変な迷惑を被りますので、日本でも公的機関による大規模なチェックが望まれます。

(2)　摘発された果汁の不正

果実飲料にはJAS規格があります。濃縮リンゴ果汁にリンゴ酸やリン酸を加えた（JAS法違反の）製品にJAS表示をした長野の「信濃興産（株）」が、二〇〇四年に農林水産省から厳重注意を受けました。また同年、「サクランボ果汁一〇〇％のグミ」と称して、実際は輸入リンゴ果汁を用いて製造し、年間二・五万個を販売した業者が、公正取引委員会の排除命令を受けました。二〇〇六年には山梨の「アルプスワイン（株）」が、約三年半にわたって、ブドウ果汁にJASマークを不正に添付していましたが、処分の前に同社は果汁事業を廃止しました。また同年、「（株）日本サンガリア飲料」が、年間三四四〇万本以上を販売した一〇〇％果汁に、糖類や酸味料添加の表示を怠り、農林水産省の改善指示を受けました。二〇〇七年には「ゴールドパック（株）」が、トマト果汁などに「安曇野産」「八ヶ岳高原産」などの虚偽表示をして一四四万本を販売したとして改善指示を受けました。二〇〇八年、「（株）青森県果工」は、輸入された濃縮リンゴ果汁を薄めて「ストレートリンゴ果汁」と偽り、JASマークを付けて二年間に千トン以上を販売しました。また同社は別の一二七キロリットルのリンゴ果汁に香料を添加し、ストレート果汁としてJASマーク付きで販売し、農林水産省の改善命令を受けました。なお翌年、同社の社長らは詐欺と不正競争防止法の容疑で逮捕されています。

過去のリンゴ果汁不正で有名になった二件は、第1章で述べた一九八八年のカリフォルニアのビーチナット社事件と、一九九五～九六年に欧州で発覚した大規模な偽果汁事件でした。一九九五年は熱波のために欧米のリンゴが減産し、欧州で大規模な不正リンゴ果汁が出回り、それをベルリンの分析会社が発見しました。一九九六年二月にこの事実が判明し、ドイツの雑誌「シュテルン」やテレビで報じられました。リンゴ果汁不正の内容は、キクイモの根の成分であるイヌリンを加水分解した果糖と、リンゴ酸を添加した偽の果汁で、アメリカなどに大量に輸出されました。この不正に対して、アメリカのリンゴ加工協会と果汁協会は情報収集を行い、FDAに協力して事件の解決に努めました。FDAは二月末に通知書を出し、不正果汁の回収と、回収後の販売には正確な果汁含量と果糖やリンゴ酸など添加原料の表示を求めました。これらの経緯はアメリカのABCテレビが詳細に調査して放映し、それらの原料を用いたコカコーラ、ネスレなど六社は同年三月にリンゴ果汁の回収を行いました。コカコーラ社は消費者から一〇%の砂糖水に相当する量の損害賠償を請求され、別の会社は定価の二倍で製品を買い取りました。

この事件の原因究明では欧州に問題が戻り、いくつかの不正が摘発されて終結しました。しかし、不正なリンゴ果汁原料はアメリカに二～三万トン、欧州に約一万トン残ったとされます。これらの数万トンに及ぶ大量の偽果汁は、欧米では果汁原料としては使用できなくなりましたが、その後に日本を含む他国に輸出されたとみられます。日本ではこの事件の二年後に果汁のＪＡＳ規格が改定され、果汁への糖類の添加が認められるようになりましたが、欧米で起こった不祥事との関係が疑われます。このように、果汁の不正はメーカーが意図したものでなくても、原料供給者による不正もあるので、果汁の製造販売では原料の確実なチェックが必要です。

(3)　茶の不正

世界では茶の生産量が毎年増加して、二〇一三年に五三五万トンになりました。その三六%が中国産で、インド産二三%、スリランカとケニア産を加えると世界の生産量の七三%になります。茶の輸出収入は途上国にとって重要な外貨の獲得源になっています。日本の茶の生産は二〇一一年に九・五万トン、二〇一四年八・四万トンで、主要産地は静岡県と鹿児島県であり、消費は約一四万トンです。消費の内訳は緑茶が約九万トン、紅茶とウーロン茶がそれぞれ約二万トンです。茶の風味には、生育した土地の気候や土壌など環境が大きく影響しますので、有名産地の詐称が行われます。また日本では、茶の消費者価格が欧米に比べて数倍であるため、不正への誘因はかなり大きいとみられます。

茶の真正に関しては、「その茶が規定通りに作られ、混ぜものがないか」「表示された茶の産地が本当か」の二項目が問題となります。茶は農産物であるため豊作と不作の年があり、供給量によって価格が上下し、特に有名産地の茶の価格は不作によって高騰します。そのため、混ぜものと虚偽表示が行われ、他県産の茶が静岡や宇治に運ばれて「静岡茶」や「宇治茶」として販売されますが、違法ではありませんでした。しかし、鹿児島県産一〇〇%の新茶を「宇治茶」と偽った業者が、商品を回収した例がありました。二〇〇三年に、全農福岡県本部がブランド茶の「八女茶(やめちゃ)」に他県産の茶を混ぜて販売し、農林水産省から業務の一部停止命令を受けました。なお二〇〇六年以降は、茶の原料原産地の表示が義務化されています。

緑茶のうまみ成分はアミノ酸で、その主体はテアニンとグルタミン酸です。テアニンは茶に独特の成分ですが、合成のグルタミン酸ナトリウムは安価なため、しばしば茶に添加されます。そこで、グルタミン酸とテアニンの比率が不自然であれば、不正が疑われます。しかし、グルタミン酸を添加したことを表示すれば、違法にはなりません。中国のプーアル茶など茶葉を固めたものを固形茶といい、日本にも茶くずなどを固めた固形茶がありますが、多くの固形茶にグルタミン酸ナトリウムが添加されています。

少し古い話ですが、一九九〇年に東京都消費者センターは、緑茶四〇銘柄と固形茶入り緑茶一四点の計五四試料について、添加されたグルタミン酸ナトリウムを分析しました。緑茶の一二銘柄（三〇％）に添加が推定されましたが、添加の表示は二銘柄だけでした。固形茶入り緑茶では一三試料に多量のグルタミン酸ナトリウム添加が認められました。また、二〇〇七年に行われた農林水産消費安全技術センター（ＦＡＭＩＣ）の検査では、二四一点の緑茶のうち六点にグルタミン酸ナトリウム添加が認められました。また、同年、大阪の「(株) 宇治森徳」が緑茶にグルタミン酸ナトリウムと重曹を混ぜ、表示せずに二年余に六・二トン（四万袋以上）を販売したことが発覚しました。二〇〇九年に農林水産省は、約三千の小売店から緑茶四万三千点を買い上げ、表示内容の調査を行いました。帳簿による調査の結果、一九四〇点（四・五％）に適正でない表示があり、その約半分が原料原産地名の違反でした。しかし、別の三一一試料について行われたグルタミン酸ナトリウム添加の試験では、違反は見つかりませんでした。

二〇〇九年に静岡の「山一貿易（株）」が、中国産と台湾産のウーロン茶を混合し、原産地を台湾として三・七トンを販売し、ＪＡＳ法違反の改善指示を受けました。また、二〇一〇年には「日本酪農協同（株）」が、「宇治産」と称した緑茶や高級煎茶飲料の約五〇万パックに原料原産地を表示しなかった例がありました。その他にも静岡の業者が、原料原産地の無表示で指導を受けています。

(4)　種々の加工食品

加工の程度が低いものから高いものまで、数え切れないほどの加工食品が、種々の経路を通じて販売されています。加工食品で問題になるのは、主要な原料や特徴的原料に関する表示上の不正や、賞味期限延長などの行為です。例えば、「新潟県産コシヒカリ一〇〇％使用」のおにぎりがコシヒカリではなかった、ストロベリーチョコレートが香料だけの風味付け製品であったなどの例があります。

農林水産省の検査機関であるＦＡＭＩＣでは、毎年五千点ほどの加工食品を集め、ＪＡＳ法が定める品質表示が適正であるかを調査しています。二〇〇六年からの三年間に、適正でない表示や内容に疑義のある商品数は減少する傾向が認められ、全体の四・二％から二・八％に減りました。特に、原料原産地の詐称は二〇〇六年には試験対象品の一〇％に及びましたが、〇九年には三％程度に減りました。他方で、商品への安価な代替物による混ぜもの・水増しの検査に関しては、一五〇年の伝統をもつ欧米に比べて、日本の水準はまだこれからという段階です。

契約社会である欧米では、偽物の排除に長い歴史があって、真偽判定分析の精度が高度化しており、行政に担当部署が整備されています。例えばイギリスでは、全国約五〇の郡役所に所属する、商品取引基準局が違反を管理しています。日本での食糧供給行政は農林水産省の管轄ですが、業者の「性善説」を基本にしてきた同省には、偽物から消費者を保護するという考えが希薄でした。また、偽物の販売で罰せられた業者も希でした。近年、FAMICの検査技術は学術的に進歩しましたが、現状の実務では定員も少なく、オリーブ油、蜂蜜、果汁などの不正の検証に、初歩的な分析法を用いていています。しかし、悪徳業者による偽食品の製造技術も海外の検査逃れの方法を参考にして大きく進歩していますので、かなり多くの不正が見逃されていると思われます。

他方、公正取引委員会による不正の検査は厳正ですが、摘発数は多くありません。過去に公取委が景品表示法による優良誤認などで、排除命令を出した例がいくつかあります。二〇〇四年に、通販大手の「ベルーナ」と「セシール」は、月替わりで各地特産のレトルトカレーを「カレーなる旅」、「日本全国カレーめぐり」として販売しました。しかし材料は、特産品でない通常の原料であったり、輸入肉を「鹿児島産」の豚や「神戸牛」と偽ったり、輸入エビを「伊豆のエビ」と称していました。二〇〇七年には山梨県の「(株)ろすまりん」が、写真付きで販売した「リンゴの森のチョコレート」と「ブルーベリー畑のチョコレート」が、香料添加で全く果実を含まないとして排除命令を受けました。二〇〇九年には、東京「フーディーズ(株)」の「焼き肉酒家傳傳」などの店が、通常の牛肉を「但馬牛」や「神戸牛使用」と偽ったとして排除命令を受けています。

(5) 消費者庁の措置命令とJAS法違反の菓子類

二〇〇九年に消費者庁が発足してからは、不正の取り締まりがやや増加しました。例えば、「(株)大藤」が販売した「コシヒカリ純米クッキー」などの米粉使用が微量であったとして、消費者庁は措置命令を出しました。食品に関して消費者庁から措置命令、指示の行政処分が出された例は、二〇一一年に一八件ありました。多くは原産地の詐称による優良誤認、〝痩せられる食品〟、表示された「海洋深層水使用」の量が微量であった麦茶、廃乳牛の肉を「宮崎産和牛」と詐称、嘘の「自然塩」、その他でした。また二〇一一年の消費者庁による食品関連の行政処分は一〇件で、輸入したエビや養殖アワビを国産と詐称、偽の高級牛肉や、根拠のない健康食品などでした。なお消費者庁による景品表示法違反の調査は、二〇一〇年度に全体で千件強あり、処理件数が八五五件、措置命令二〇件、警告二件、注意が五九〇件でした。

二〇〇七〜一二年の六年間に農林水産省が行った、菓子類などでのJAS法違反の主な改善指示は次の通りです。「赤福」の長期にわたる製造年月日の改ざんと原材料表示の重量順序の記載違反、神奈川の「日影茶屋」で返品菓子の賞味期限延長、岡山の「藤徳物産(株)」のおむすび原料米の詐称、豊橋市の「(株)お亀堂」の菓子原材料不記載、鹿児島の「津曲食品」が団子原料のアメリカ産米を国産と詐称して年間一七万パックを販売、などの例がありました。

加工食品についての不正表示には、主要原料や特徴的原料の詐称が多く認められます。例えば、特徴的原料の使用量の順序を偽った例で、「横浜崎陽軒」ではホタテ貝柱やグリーンピースの順序が異っていました。

(6) いわゆる健康食品の不正――特に酵素

現在販売される種々の食品の中で、最もその真正が疑われる製品は、いわゆる「健康食品」です。これらの健康食品の広告では、事実上の違反や違反すれすれの表現が目立ちます。一件数千万円もかかる大新聞への全面広告やテレビの宣伝が行われ、効能を信じた消費者は原価をはるかに上回る高額商品を買わされます。このようなメディアへの広告が繰り返されることで商品が売れ、その投資を上回る収益が得られるのが、いわゆる健康食品の実態と思われます。特に「××酵素」と称する製品には虚偽が多く、なぜなら野菜などの長期間発酵・熟成後に加熱処理を行うため、酵素類は失活して効力は消失しているはずです。

これらの健康食品は食品ですからその効能を示すことはできず、例えば、「(排便が) スルスル」など効果を暗に示す宣伝がなされます。また、科学的な見地からすると意味不明で奇妙な内容説明もあります。しかし、信じて救われる人にとってはそれでもよいのでしょう。また広告はメディアにとって最大の収入源ですから、このような宣伝は絶えることはありません。実際に効能が認められる健康食品には、医薬品が不正に添加されていることがあります。

(7) 新聞で大きく宣伝される酵素とは

有力新聞の広告には度々、「××酵素」の宣伝が掲載されます。「加齢によって体内の酵素が減るのを発酵食品を食べて補う。体内で減った酵素を食べて補う」など、全くいい加減な説明がなされています。これらの「酵素」と銘打った製品の多くは、野菜、果物、海藻などを混合して、腐らせないために多量の糖類を加え、酵母菌などの微生物による長期間の発酵と熟成を行った食品とみられます。このようにしてできた濃厚な液状物は、飲料、錠剤、粉体などに加工されて製品化されます。製造・販売者の宣伝によると、原料には数十種から百種以上の植物を用いるなどとされています。

あらゆる生物体は、生きるために体内で種々の栄養成分をエネルギーや他の成分に変えています。この生化学的な反応の一つ一つは、その反応に独特な酵素の触媒作用で行われます。酵素の本体はタンパク質で、遺伝子の働きで生体内で作られますが、ほ乳類のような高等な動物では約五千種、自然界には二・五万種以上の酵素があるとされます。炭水化物やタンパク質を分解する消化酵素などは取り出して利用が可能ですが、生体中の酵素はその生物が死ねばなくなります。したがって、「××酵素」という製品中に酵素が残っている可能性はほぼあり得ません。

あるメーカーが出願した特許の内容が詳しく調べられました[10]。合計で一一件の特許出願があり、製品の内容はいずれも発酵食品で、殺菌や滅菌する製法も含まれており、生きた酵素が残留する可能性はほとんどありません。しかも酵素はタンパク質ですから、食べて摂取した酵素は人の胃腸で消化分解され、体内での働きは期待できません。

他方で、酵母菌や乳酸菌を乾燥させて製剤化した医薬品や食品がありますが、これらの菌体自体や、菌体中に含まれる酵素には人に有効に作用するものがあります。

2.10　酒類の不思議

(1)　清酒と醸造アルコール、純米酒

国税庁の統計によると、近年は酒類の消費量が減り続けており、二〇一一年までの一〇年間に約一五％の減少でした。特に清酒（日本酒）とビールの消費減少は、この一〇年間にそれぞれ三五％、四〇％と大きく、清酒の場合は過去二〇年間で約半分になりました。清酒の生産量は二〇一四年に課税ベースで五六万キロリットル、焼酎の九一万キロリットルの六割近くになりました。生活様式の変化が原因とはいえ、種々の特徴をもつ伝統的な清酒の消費量減少は残念なことです。

ところで、つい二〇年ほど前までは〝本物の清酒〟はあまり売られていませんでした。現在、多くの清酒に表示される「醸造アルコール添加」を気にする消費者は、それほど多くないと思われます。これはアルコールの水溶液を加えて、清酒を水増ししたものです。清酒消費が凋落した原因は、過去にこのような粗悪で安価な清酒が主流であったためであると筆者は思います。

昔から清酒は、米、麹と水を原料にして作られてきました。この伝統的な日本酒は、現在「純米酒」の名前で販売されています。二〇年前には純米酒を探すのは大変でしたが、しかし最近は純米酒が増加して二〇一四年には一〇万キロリットル弱になり、どこの清酒売り場にも陳列されています。このような変化は、地方の酒造家が生き残りをかけて本物作りに努力した結果であり、最近は美味で特徴のある清酒が増えてきました。このことは、日本酒再興のために歓迎すべきことと思われます。

海外ではどこの国でも、酒類に醸造アルコールを加えることを禁止しています。例外はリキュールで、リキュールは蒸留酒や醸造アルコールに砂糖と香味物質を加えて作られます。ポルトガルの「ポルトワイン」は、ワインを蒸留して得られるアルコールを、ワインに加えてアルコール度数を増やしたものです。一方、日本の清酒には醸造アルコールを多量に添加することが許されています。醸造アルコールは、砂糖製造の副産物である廃糖蜜やトウモロコシから作るデンプン糖を、酵母菌で発酵させてできるアルコールを蒸留して作ります。具体的には、ペットボトルで販売されている甲類焼酎は、醸造アルコールを水で薄めたものです。

戦中から戦後にかけては米が極端に不足し、酒作りに回す米も欠乏しました。国にとって重要な収入源である酒税を確保するため、国は戦中の一九四三年に酒税法を改正し、清酒の原酒一部に対して醸造アルコールの水溶液二部を加えることを認めました。これを業界用語で「アル添」と称しますが、清酒にその二倍もの「アルコール水溶液」を加える手法は、文字どおり大変な「水増し」で、国による偽物作りの奨励策であったと言えます。

二〇〇七年に酒税法が改正され、醸造アルコール添加は原酒と同量までに減りました。しかし、このような制度が戦後七〇年以上も続く日本は、世界的にも珍しい〝偽物公認の国〟と言えます。この種の水増しが公的に認められているために、日本にはまがい物の加工食品が多いのかもしれません。業界では〝淡麗辛口の酒作りに必要な技術〟と称していますが、「アル添」は多いほど、企業に大きな利益をもたらします。そこで、高級な大吟醸酒から通常の清酒に至るまでアル添が行われることになりますが、せめて消費者の商品選択の参考のために、アルコール添加量の表示義務化が必要ではないかと思われます。

(2)　清酒造りと醸造アルコールの添加量

清酒の製造では、原料米を削る精米の程度を高めるほど高級な製品が得られます。米粒はその表面に近いほどタンパク質などの含有が多いので、精米によってそれらを除くと良質な酒ができます。玄米を削って五〇%以下にまで精米した原料で醸造した酒は「大吟醸酒」、六〇%以下の精米による酒は「吟醸酒」、同じく七〇%以下は「本醸造酒」と称します。これらは「精米歩合六〇%」などと表示されますが、普通の清酒の精米歩合は七五%程度です。これらの他に「合成酒」があり、醸造アルコールに糖分や有機酸類、アミノ酸などを加えて製造します。なお、家庭で消費する白米は精米歩合が九二%程度で、玄米から約八%を糠として削っています。

酒造りでは白米一トンから、純米酒（原酒）が約二・一キロリットル得られます。この純米酒に対して、本醸造から大吟醸までの清酒では、全体の二五％程度までの醸造アルコールを添加することができます。一方、安価な通常の清酒では、白米一トン当たり純アルコールで二八〇リットルの添加が認められます。そこでこれを清酒に換算しますと、原酒の量とほぼ同量の醸造アルコールの水溶液を加えることができますので、一・八リットル当たり千〜二千円で売られる普通の清酒の半分は、醸造アルコールの水溶液である可能性があります。[9]

(3) 清酒の不正

戦前までは、多くの清酒は酒樽からの量り売りでしたから、酒屋での水増しが行われました。瓶詰めの清酒が販売されたのは一九〇九年でしたが、高級酒の空き瓶を利用した偽酒の不正が行われました。最近は純米酒が増加しましたが、純米酒の原料原価は、水増しが許される普通の清酒の二倍近くになります。そこで、純米酒に醸造アルコールを添加して水増しをする業者が現れました。大阪の「浪花酒造」は二〇一三年に、純米酒を醸造アルコールで水増しして高級酒と表示し、また吟醸酒に規定以上の醸造アルコールを添加しました。この不正が知られることになり、自主回収が行われました。また同年に、兵庫県灘の大手「富久娘酒造」は、純米酒に醸造アルコールを添加し、吟醸酒に規格外原料を使用し、三八銘柄三〇万本の自主回収を行いました。このような不正は少なくとも四、五年前から行っていたとされました。

(4) 焼酎にも同様な混ぜものがある

焼酎には甲類と乙類の二種類があります。大分県の「麦焼酎」、鹿児島県の「芋焼酎」などの「本格焼酎」は、それぞれ原料中の澱粉を酵素で糖に変え、酵母菌で発酵させたものを蒸留してアルコール濃度を高めて作ります。そこで、原料の麦や芋の風味が製品に加わります。このような焼酎を「乙類」と呼び、アルコール濃度が二五％の製品が多く流通しています。乙類焼酎の生産量は二〇一一年に五一万キロリットルでした。一方、同年の、醸造アルコールを水で薄めた「甲類」の焼酎は四五万キロリットルで、これらは主に大手の酒造会社が製造しています。醸造アルコールは、廃糖蜜などを発酵したものから数段階の蒸留を行って、アルコールの純度を高めたものです。甲類焼酎は高純度の醸造アルコールを水で薄めたものですから、原料に特有な風味はありません。過去に甲類焼酎のアルコール濃度は三五％が主流でしたが、現在は乙類と同じ二五％の製品が増えました。

甲類焼酎はそのままで販売される製品が多いのですが、最近は甲類に乙類を加えた「甲乙混和焼酎」が増えてきました。原酒に醸造アルコールと水を加えた清酒とは逆に、醸造アルコール水溶液に乙類焼酎を二〜四割混ぜたものが甲乙混和焼酎です。この製品は乙類焼酎の風味が加わり、しかも値段が本格焼酎より三割くらい安価なので需要が増え、本格焼酎の販売が減っています。また、甲乙混和焼酎を乙類と間違えて買う消費者がいるとのことで、本格焼酎の業界が問題にしています。清酒の場合も同じですが、「混ぜもの・水増し」の出現で長年の伝統をもった酒類が衰退するのは、食文化の喪失につながると考えます。

(5) ワインの不正と国産ワインの原料

ワインは昔から欧州で、不正な増量が最も行われた食品の一つです。ワインの品質（価格）に最も影響する因子は産地と製造の年度で、それらを偽る多くの不正が行われました。また、濃縮ブドウ果汁を原料にして水と糖を加え、発酵させて偽ワインを作る不正も行われました。また、ワインに自動車の不凍液に用いるジエチレングリコールを加えますと、貴富ワインの風味が得られますので、このような不正もドイツなどで続いています。

日本のワイン生産には詳細な統計がありませんが、国税庁の統計で果実酒に分類される酒類の大部分がワインで、その量は年間約三〇万キロリットルとされます。主要国のワインの定義は、「自国産の新鮮なブドウまたはブドウ果汁から醸造した果実酒」としています。この定義に合致した、国産の新鮮なブドウだけから醸造される日本の本物ワインの出荷量は、年間約九千キロリットルと推定されています。このほかに、国産ブドウが原料になっているワインを加えると全体で六万キロリットルになり、国産ワインの二〇％程度を占めます。なお国産ワインには、海外から大型容器（バルク）で輸入したワインを混合して瓶詰めした製品が含まれます。これらのワインも国産に分類されて、全体の約一〇％を占めます。

他方、国産果実酒に分類されるワインの約七〇％は、輸入した安価な濃縮ブドウ果汁を水で薄めたものから醸造され、ワインに似ていますが国際的にはワインの定義に属しません。二〇一〇年の国産ワインの産地は、一位の神奈川県が全体の三六%、二位は栃木県の一五%、三位は岡山県の九%でした。これらは大規模な工場で製造されます。

ワインの品質の八割は、原料ブドウの品質に左右されるといわれます。最近は、自家産のブドウからワインを造る小規模なワイナリーが増えており、今後はさらに高品質な国産ワインの出現が期待されています。

(6) 食酢の不正

食酢は酒類ではありませんが、最も一般的な食酢である醸造酢は、穀類や糖類、果実の発酵で得られた酒類のアルコールを、酢酸菌の作用で酸化させて作ります。醸造酢は原料が穀物である穀物酢と、リンゴまたはブドウを原料にする果実酢に分類され、その他に酢に含まれる各種成分を混合した合成酢があります。穀物酢には米酢、米黒酢、大麦黒酢があり、黒酢は玄米か玄麦を原料にして発酵させ、色が黒褐色になったものです。食酢は酢酸の含有量が三〜五%で、その他に乳酸やクエン酸などの有機酸や、アミノ酸などを含みます。

食酢の業界大手である新潟の「石山味噌醤油（株）」は、二〇一三年までの三年間に製造した「純玄米黒酢」の原料に、玄米以外のコーンやサトウキビを用いました。材料名は玄米としており、家庭用や業務用の「純玄米黒酢」「米黒酢」の表示で行った不正は、少なくとも全体で四三〇トンとされました。農林水産省は同社に改善を指示しました。

2.11　牛乳、乳製品の不正

二〇一三年の世界の牛乳生産量は六・五億トンで、アメリカが九一〇〇万トンと最大でした。日本の牛乳生産量は約七五〇万トンで、そのうち飲用乳が半分、残りはクリームやバターなど乳製品に加工されます。乳製品は不足していますので、チーズや粉乳、バターなどを、牛乳換算で毎年約四〇〇万トンも輸入しています。

牛乳の不正には長い歴史があり、今日まで種々の水増しが行われました。欧米先進国では一〇〇年前から政府による取り締まりが行われ、今日では牛乳そのものへの単純な不正は減少しました。簡単な水増しの検査は日本では比重、欧米では牛乳が凍る温度の氷点で行われます。水増し後の比重の調節は糖類添加で容易ですが、氷点を調節するのは比重ほどは簡単ではありません。

牛乳と乳製品は重要な栄養食品ですから、古くから種々の真正評価法が確立されています。しかし未だに不正は続き、それらを予見することが容易でないために、検出が困難な不正があると考えられています。二〇〇八年に発覚した中国でのメラミン添加牛乳の不正は、中毒事件が起こるまで予測されませんでした。また第1章で述べたように、不正食品に関する学術報告では「牛乳の不正」が、オリーブ油に次いで第二位を占めています。

(1)　メラミン牛乳事件

二〇〇八年に中国で、メラミン添加による大規模な育児粉乳の不正事件が発覚し、乳児三人が腎臓障害で死亡し、五万人以上が治療を受けました。被害は二年後には死者六人、被害者三〇万人に拡大しました。この事件では、メラミンが混入した中国産乳製品を原料に用いた加工食品が世界各国に輸出されていたために、世界的な問題になりました。メラミンは食器などの合成樹脂原料に用いられる化学物質で、その重量の六七％が窒素です。世界的にタンパク質含有量の測定法は、食品などの窒素量を分析してその数値を六・二五倍して求めますので、メラミンは乳タンパク質の置き換えに最も適した化合物といえます。メラミンの大規模な悪用は多分、中国が最初であると思われます。

牛乳の品質検査は、日本では乳脂肪の量で行い、通常はタンパク質の分析を行いません。しかし世界的には、牛乳は乳脂肪と乳タンパク質の合計量で評価されます。そこで牛乳の不正では、乳脂に似せた置き換え用の油脂と窒素化合物の添加が行われます。牛乳を水で薄め、乳化された油脂と窒素を含む化合物と糖を加えれば、水増し牛乳を正規の値段で売ることができます。また水増し牛乳の補強には、古くは窒素を四七％含む尿素が利用され、また安価な脱脂粉乳、チーズ製造の副産物であるホエータンパク質や、異種脂肪が用いられます。このような不正は中国だけではなく、過去には欧米各国や日本でも大規模に行われました。

中国では、集乳業者による牛乳の水増しとメラミン添加が大規模に行われたために、被害が拡大しました。メラミンの添加は、乳タンパク質の見かけ増量以外に、家畜飼料用の小麦タンパク質でも行われました。アメリカでは二〇〇七年に、中国産のペットフードによる犬や猫の腎障害による死亡が発生しましたが、その原因もメラミンと推定されました。

メラミンの毒性はさほど強くありませんので、EUなどではメラミンが二・五ｐｐｍ（一kg中に二・五mg）以上混入した食品について回収・廃棄が行われました。しかし、消費者のゼロリスク願望が強い日本では、〇・五ｐｐｍ以上のメラミンが検出された食品が廃棄されました。

(2) 乳脂の不正

乳成分のなかで最も不正の対象になるのは乳脂（バター）です。日本では、バターやクリームの価格は欧米に比べて数倍と高価ですので、不正への誘因は高いとみられます。

先に「もどき食品」について述べましたが、日本では一九七〇年前後に牛乳が不足したうえ、また折からの洋菓子ブームで生クリームやバターの需要が高まり、乳脂肪が大変に不足しました。そこで、脱脂粉乳液や脱脂乳にヤシ油やその他の油脂を乳化して、牛乳を水増し増量する不正が全国で大々的に行われました。当時は乳脂の真偽判定は、乳脂に含まれる酪酸の量で行われましたので、油脂に酪酸を結合させた「酪酸化油」が販売され水増しに使われました。やがて、ガスクロマトグラフィーなどの分析技術の進歩で、乳脂の真贋鑑別法が発達したために、乳脂の「そっくりさん」が開発され販売されました。これらには数社の油脂企業が関わっていましたが、結局、大手の

M乳業が業界代表のかたちで乳脂の不正を摘発され、この不正行為は終結しました。

しかし、今日でも海外では、乳脂に似せた偽乳脂が密かに流通しているとされます。また最近の乳牛飼育法では、乳量と乳脂肪増量のために、いくつかの方法が行われます。牛脂やラード、乳脂に似せた脂肪のカルシウム石けんを牛に与え、乳脂の量を増加させます。乳脂の不正に対しては、その検証にいくつかの方法が開発されています。

(3)　乳製品の不正

日本では報告されていませんが、乳製品の不正で世界的に最も多いのは、チーズとチーズ加工品です。海外では、チーズ製造の副産物のホエータンパク質や、植物性タンパク質がチーズの増量に用いられます。植物性タンパク質は水を保持する性質が強く、チーズの水分を増やして収量を高めてコストを下げられます。現状では大豆タンパク質がこの不正に最も用いられ、小麦タンパク質や卵白粉、血しょうタンパク質も利用されますが、この種の不正の検出は難しくありません。他方、諸外国では多くのチーズについて品種による最低の熟成期間が定められていますが、その期間を偽る不正があります。しかし、これをチェックする方法は開発されていません。

2.12 油脂類の不正

(1) 植物油の不正

植物油での不正は、高価な油脂に安価な油脂を混合して行われます。世界的にはオリーブ油への植物油の混合と産地詐称が最も多く行われ、過去三〇年の食品不正に関する学術論文で、最多の報告例を占めました。オリーブ油やゴマ油の価格はナタネ油の五倍もします。日本の椿油生産は僅かですが、高価なために大豆油で置き換えられた例がありました。日本では植物油の不正はあまり知られていませんが、海外では大規模な植物油の不正事件が起こっています。一九八一年にはスペインで、工業用に化学物質のアニリンを加えて非食用化したナタネ油を摂取したため、百人以上の死者が出ました。また、一九九八年にはインドで、有毒な種子油が混入したカラシ油が原因で、六二人の死者と数千人が入院する事件がありました。

二〇一三年には台湾の油脂会社が販売した、「純粋」と表示した偽のオリーブ油、ゴマ油、ピーナッツ油、ブドウ種子油、椿油など四八種の偽物が発覚しました。これらの主要原料にはヒマワリ油や綿実油が用いられ、偽オリーブ油には緑に着色するため葉緑素の銅塩を用い、特徴づけに香料が用いられました。これらの不正で、七年間に六〇億円の不当利益を得たとして、社長は一六年の禁固刑に処せられました。[11]

過去には、植物油はコレステロールを含まないとされましたが、現在は微量の含有が分析されています。日本では一流メーカー数社の瓶詰めサラダ油に「コレステロールを含まず」と表示されています。この表示によって販売量が増えるとのことですが、会社の品性を疑いたくなる行為に思われます。無いものを〝無い〟と表示するので違法ではありませんが、それを表示しない常識的なメーカーの製品に対して、優良誤認を招く恐れがあります。

(2)　オリーブ油の不正

オリーブ油は年間約三〇〇万トンの生産があり、主要な産地はスペインからギリシャまでの地中海北岸の国々で、特にイタリアのトスカーナ地方などの製品が有名です。そこで、ギリシャやスペインのオリーブ油を、イタリア産に詐称する不正が行われます。イタリアには多量のオリーブ油が輸入され、その量を超えるイタリア産オリーブ油が輸出されますので、そこでオイルロンダリングが疑われています。二〇一五年暮れにイタリアの警察は、シリアやトルコなどから輸入したオリーブ油七千トンを「一〇〇％イタリア産」として、日本やアメリカに輸出した業者を逮捕していま す。[12] 日本のオリーブ油輸入は年間三万トン程度で、「エキストラバージンオリーブ油」は特に高値で販売されます。

「バージンオリーブ油」は、熟した実の果肉をつぶし、絞った液から遠心分離などで油を分離し、一切の化学的な処理をせずに作られます。バージンオリーブ油は葉緑素を含むので、緑黄色で遊離脂肪酸が多く（酸価が高く）、独特な風味をもつのが特徴です。それらのなかで、酸価が低く高品質なものを「エキストラバージンオリーブ油」と呼びます。バージンオリーブ油は、カロチン類、植物ステロール類、ビタミンE類、ポリフェノール類などの含有量が多く健康的な油脂です。食用に不向きな低品質のバージンオリーブ油を工業的に精製したものが「精製オリーブ油」で、この油は特有の風味が失われていますが、オレイン酸を多量に含み酸化されにくく安定性が良好です。

オリーブ油は世界的に最も不正の多い食品とされます。例えば、イタリアでは二〇〇八年に、ヒマワリ油や大豆油に葉緑素を加えた偽オリーブ油が多数摘発されました。オリーブ油に他の植物油を加える水増し（油増し）不正は、古くから行われました。ガスクロマトグラフィーによる分析法の発達で、油の脂肪酸組成の検査が始まりますと、安価な精製オリーブ油をエキストラバージン油に混合する不正が行われるようになりました。またバージンオリーブ油は、脂肪酸の組成が類似するヘーゼルナッツ油やアーモンド油で置換されます。しかしこれらの不正については、近年発達した核磁気共鳴（NMR）装置による分析で、五％以上の不正添加のほぼ全てが検出されるようになりました。

スペインでは二〇一一年に、ヒマワリ油を加えたバージンオリーブ油を年間数百トン販売した業者三人が、それぞれ百万円の罰金と九年の禁固刑を受けています。また同年のカリフォルニア大学の分析で、アメリカに輸入されたエキストラバージンオリーブ油の六九％が、国際規格に合致していなかった例が報告されました[13]。

(3)　油脂その他食品の新しい不正防止法

近年、スイスで開発された不正食品の確実な防止法に、DNAの断片を用いる方法があります。この方法は、シリカで作ったマイクロカプセル中にPCR法（ある遺伝子のDNA鎖の一部分を無数に増加させる方法）で得られた特定のDNAを封入します。このマイクロカプセルは非常に微細なため添加は発見できず、耐熱性があって、中には食品の原産地などを示す配列を組み込んだDNAと、酸化鉄のナノ粒子を含ませます。例えば、オリーブ油にこのマイクロカプセルを微量添加し、磁石で回収して内部のDNA配列を分析しますと、その油の由来が判定できます。オリーブ油は有名産地を詐称する不正が多いのですが、低価格の同じ油脂を混合しても判定は困難です。しかし、このDNA標識があれば、分析は比較的容易ですから、原産地判別が可能になります。

(4)　油脂の名称とトランス脂肪の表示問題

この項では食品の不正問題をちょっと離れます。油脂はグリセリンに三個の脂肪酸が結合した化合物です。油脂を構成する脂肪酸の種類は健康への影響が大きいので、単に植物油脂、動物油脂とだけを表示する日本の表示は、消費者への健康影響を軽視しています。海外では、大豆油、カノーラ（キャノーラ）なたね油などの油脂名が表示されます。また、液状の油に水素を添加して固体に変えた硬化油はトランス脂肪酸を含むので、表示すべきです。トランス脂肪酸は油脂の硬化によって最大四五％も発生します。トランス脂肪酸が心臓・血管病のリスク因子であることが明確になり、アメリカでは二〇〇六年一月からトランス脂肪酸の含有量表示が義務化されました。

世界各国では硬化油の利用を極力減らし、トランス脂肪酸の低減化が進みました。しかし、硬化油には種々の優れた利用特性を与えることができ、しかも安価であるため、その利用が続いています。特に、パイやペストリー用の油脂製品や、安価な準チョコレートにはトランス脂肪酸を含むものが多く、この種の食品を多食する子供や女性には健康リスクの懸念があります。日本人は、平均的なトランス脂肪酸摂取量が一日二 g 以下であり、表示は不要とされました。しかし、加工食品によっては一回の摂取量で、トランス脂肪酸を数グラム含むものがあり、やはり表示が必要と考えます。

2.13　農林水産省の食品不正への対応

ＪＡＳとは Japanese Agricultural Standards（日本農林規格）の頭文字を並べたものです。前述しましたが、ＪＡＳ法とは「農林物資の規格化および品質表示の適正化に関する法律」を意味します。この法律は、農林水産物について品質と生産方法に基準をもうけ、規格を定めて、適正な品質表示を義務づけています。ＪＡＳ法は戦後の混乱期の一九五〇年に制定され、当時横行した粗悪な食品や農林資材などの流通防止のために規格を定めたものでした。したがって、生産者に対し一定の品質を確保させることが主な目的で、消費者保護の一面はありましたが、むしろ産業振興の性格の強いものでした。その後、一九七〇年のＪＡＳ法改正によって、ＪＡＳ規格品とその他の製品への表示制度が始まり、一九九九年には全ての加工食品への内容表示が義務化されました。また、生鮮食品の原産地や原産国の表示が義務づけられ、加工食品の表示も順次改善されました。

(1)　事業者は不正を犯さない「性善説」のＪＡＳ法

先にも述べましたが、二〇〇一年九月に起こったＢＳＥ事件では、雪印食品以外にも最大手のメーカーを含めて多数の畜肉業者が不正を働き、多額の税金を詐取しようとしました。安全性が検査されていない国産牛肉を、農林水産省が買い取ることになったため、業者は輸入牛肉などの売れ残った粗悪な牛肉を、政府に売りつけようとしました。この事件に最初から関わった農水省の中村啓一氏はその著書『食品偽装との闘い』に、「見てはいけないものを見、知ってはいけないことを知り」、「パンドラの箱*を開けてしまった」と書いておられます。また「食品業界に偽装などあるはずがない」という「性善説」が、当時の農林水産省の半ば常識とされていたとのことです。

農林水産省は、生産者や事業者は公正であって、違法行為は行わないものという前提で、ＪＡＳ法を制定したのでしょう。そのため、輸入食品の国産詐称で数億～数十億円の大金を消費者から詐取してもＪＡＳ法によって処罰された事業者はなく、消費者の損害に返金した事業者もいませんでした。先にも述べましたが、僅かな例外は、全農チキンフーズの輸入鶏肉の国産詐称で、それを売ったコープが組合員に一四億円を返金した例でした。

農林水産省はBSE事件で「事業者の性善説を転換した」と言いましたが、これを信用する人は少ないでしょう。一般庶民は昔から、米穀や食肉、酒類などの不正が日常茶飯事であることを知っており、食品の水増しなどの不正が警察沙汰になりました。戦前と敗戦後しばらくは、食品の不正取り締まりは警察（内務省）の仕事で、商店への警察の手入れがあれば、そのことはすぐに近隣に知れ渡りました。

農水省の官僚は業者の公正を信じた訳ではなく、「不適正な表示は何かの手違いで起こるので、指導や指示で改善される」との無理な仮説によって、JAS法を立案したのでしょう。その理由は、農林水産省には全国的に行われている莫大な数の不正行為を監視する手段（警察のような取り締まり機関）がなく、面倒を避けたためだろうと筆者は推定します。国内での過去の食品不正事件、主要国の食品管理行政、不正の取り締まりと罰則を当時の官僚が知らなかったはずはありません。「羊頭狗肉」の例えの通り、食べ物が商品になった時から種々の不正が行われてきた歴史があります。

悪徳な業者の不正行為で受ける消費者の重大な損害や、公正な生産者や事業者が被る迷惑と損害について、農水省官僚が無知であったなどはあり得ません。事業者の善意に期待するということは、JAS法が事業者保護と産業育成のための法であることを意味します。農林水産省は農林水産業者のための役所ですから、JAS法には当初から消費者保護の視点が貧弱であったことは明らかです。また、JAS法の制定が戦後の混乱期に行われたため、十分な検討による立法が不可能であったことも推定されます。そのため、この法律には、特に不正の取り締まり、検証と罰則に関して大きな改正が必要です。

(2) 食品表示一一〇番の開設と食品表示Gメンの配置

農林水産省は二〇〇二年に、食品表示に関して消費者からの意見・相談や違反情報を受け付ける窓口として、「食品表示一一〇番」を全国六五か所に開設しました。窓口は農水省、地方の農政局と農政事務所で、毎月千件以上の問い合わせがあり、その約一割が不正表示が疑われる情報提供とされます。また農林水産省は同年、「食品表示ウォッチャー制度」を発足させました。ウォッチャーは初年度一六〇〇名、後に五千人になり、市場の食品表示に疑義がある場合、行政機関に通報しています。

一九九五年の食糧管理法廃止によって、米穀の管理を行っていた食糧庁が二〇〇三年になくなり、多数の職員が配置転換されました。この時、米穀の品質検査に当たっていた検査員の中の約二千人が、新しい職務「食品表示監視専門官」（通称「食品表示Gメン」）を命ぜられ、地方の農政局や農政事務所に配属されました。この人たちは米の品質検査を専門にしていた人々であったため、JAS法や食品表示の知識に疎く、十分な基礎教育もない状態での職務の遂行は、大変困難であったとされます。

前出の中村啓一氏は、食品表示監視専門官を統轄する食品表示・規格監視室の二代目室長に就任し、監視専門官の組織化と力量向上に尽力されました。二〇〇七年に起こった「ミートホープ事件」

での働きが世間から評価されず、農林水産省が非難されたことが奮起のきっかけになったとされます。他にも、二〇〇七年の北海道「石屋製菓」の「白い恋人」や、伊勢「赤福」の賞味期限の不正、「船場吉兆」の複数の不正、二〇〇八年の「一色産ウナギの蒲焼き事件」の解決は、中村氏を含む食品表示Gメンの働きによるものでした。食品表示Gメンは二〇一三年に約一三〇〇人に減りましたが、食品の虚偽表示や誤表示の監視と是正に活躍しています。

食品表示一一〇番への問い合わせや通報は、開設当初から月に千件程度ありましたが、不祥事事件の多発した二〇〇七年以降は月二千件以上に増え、二〇一〇年からはやや減少しています。これらの通報の中には、内部告発を含めて事業者の不正が具体的に述べられるものがあったりして、食品表示Gメンの調査業務の発端になった例が多いとのことです。なお現在、食品表示Gメンの名称は「表示・規格指導官」になり、また特に専門性の高い「表示・規格特別調査官」の制度ができて、約二〇人が任官しています。

＊パンドラの箱：ギリシャ神話の中の話で、この箱には全ての悪が閉じ込められていたが、パンドラは誤ってその蓋を開けてしまった。彼女は慌てて閉じたが、中に「希望」だけが残った。

参考資料

（1）中村啓一：食品偽装との闘い、一四一頁、（株）文芸社（二〇一二）
（2）S.E.Strayer, et al., Economically Motivated Adultertion of Honey, *Food Protection Trends*, Jan. /Fev. 8-14 (2016)
（3）藤田哲：新訂版 食品のうそと真正評価、一一五頁、エヌ・ティー・エス（二〇〇三）
（4）藤田哲：革新が進む世界の食品表示、主要国の動向（4）、食品と科学54（1）79-83（二〇一一）
（5）ルーラル電子図書館、No. 172、世界の有機農業の現状（2）三二八-三三三（二〇〇三）
（6）A.D.Dangour, et al., Nutritional quality of organic foods: a systematic review, *Am. J. Clin. Nutr.* (July 29, 2009)
（7）The Japan Times, 2013, Apl. 05, p.9, When a hamberger is a horsberger.
（8）立屋敷哲ら：プロトンNMRによる果実ジュース評価法の検討、女子栄養大学栄養化学研究所年報 9、二〇九-二二四（二〇〇一）
（9）尾畑酒造（株）真野鶴ホームページ、当蔵の醸造アルコール添加についての考え方
（10）馬上元彦：酵素食品の製造方法について、*New Food Ind.* 56（7）46-54 (2014)
（11）http://focustaiwan.tw/news/asoc/201310250030.aspx, Chairman of edible oil Co. indicted.
（12）http://www.oliveoiltimes.com/olive-oil-business/police-uncover-7000-ton-olive-oil-fraud
（13）C. Watkins, Questioning the virginity of olive oils, *Inform* 21（9）538-540 (2010)

第3章　世界に遅れた日本の食品表示

世界の主要国に比べて、日本の食品表示制度は大変遅れています。消費者が日常的に行う最大の支出は食料費ですから、購入する食品の選定は容易でなければなりません。特に健康維持のためには、加工食品の栄養価やその内容を正確に把握できることが大変重要です。各国で消費者の商品選択を容易にする改革が進む中で、日本の食品表示制度は先進国はもとより、インド以東のアジア諸国やアフリカの途上国と比べても大きく遅れています。ここでは世界の食品表示の現状と、日本の現状との落差について述べてみます。

3.1　食品表示制度の目的と原則

国連の食料農業機関（ＦＡＯ）は、二〇一〇年に『食品表示の改革』という本を出版しました[1]。この本によると、食品表示の最大の目的は「**消費者保護（商品選択の容易化）**と、**公正な売買の維**

持」であるとしています。またＦＡＯは過去に、食品流通の国際化が進む中で、各国間の食品表示の整合性と消費者保護の観点から、表示に関していくつかのガイドラインを発表しました。このような流れに沿って、各国で食品表示制度の革新が進められましたが、日本ではその改善が行われませんでした。その原因には、ＪＡＳ法を管掌する農林水産省に、〝食品表示は消費者保護のためにある〟との視点が希薄で、表示制度に生産者や販売業者の意向が強く反映されたことがあります。また日本からの加工食品輸出が少なかったため、海外動向に無関心であったことも原因と思われます。

ＦＡＯは一九六九年に「食品表示の原則」を定めました。その原則は食品取引（貿易）の公正を目的にしており、その内容を要約しますと、「包装食品には、どのような観点からも、それが虚偽であったり、誤解を与え、誤った印象を与える表示をしてはならない。包装食品は、その言語による表示、図示その他の表現によって、直接的、間接的に言及するか、または示唆することによって、消費者に誤解を与えてはならない」としています。前述した、いわゆる健康食品の宣伝は、このＦＡＯの原則に完全に違反しています。

3.2　世界各国の主要な食品表示改革

すでに世界各国でなされた、加工食品表示制度の主要な改革は「**消費者の商品選択を容易にし、**

健康維持に役立つ」ことを目指しています。それらの特徴は次の二つです。

① 親切な栄養内容の表示

② 主要および特徴的原材料の%表示

前者の①は、アメリカで一九九四年に「栄養表示教育法：Nutritional Labeling and Education Act」（NLEA）として施行されました。その後、栄養表示は途上国を含めて、世界のほぼ全ての国で行われています。日本でも二〇二〇年に義務化されますが、二〇一六年時点で、近隣諸国で栄養表示を義務化していない国は、北朝鮮とラオスとみられます。ミャンマーはすでに法制化に着手しています。

後者の②は、二〇〇〇年にEUで義務化された後に、南米五か国、トルコ、ロシア、ウクライナなどの東欧や中央アジア諸国で義務化され、二〇一四年末に約五〇か国に達しました。日本の近隣諸国では、タイ、マレーシア、ベトナム、韓国、香港、オーストラリア、ニュージーランドが義務化しています。

(1) 加工食品の栄養表示

アメリカが一九九四年に栄養表示を義務化した「**栄養表示教育法**」の目的は、国民の健康増進、

(A)

クラッカー

無コレステロール　低飽和脂肪
栄養の実態
供給サイズ 4 枚（14g）
包装内は約 32 回供給
一供給中の量
カロリー 70、脂肪カロリー 25

	一日量中%＊
全脂肪 3g	5%
飽和脂肪 1g	5%
多価不飽和脂肪 0.5g	
一不飽和脂肪 1g	
コレステロール 0mg	0%
ナトリウム 140mg	6%
全炭水化物 9g	3%
食物繊維 0g	0%
糖類 1g	
たん白質 1g	

ビタミン A 0%・ビタミン C 0%
カルシウム 0%・鉄 2%
＊一日量の％は 2,000 カロリー摂取の場合で、自分のカロリー必要量で増減すること

原材料：強化粉（小麦粉；ナイアシン；鉄強化；チアミン一硝酸塩、ビタミン B_1；リボフラビン、ビタミン B_2；葉酸）部分水素添加大豆油および／または綿実油；砂糖
2%以下の塩分、膨張剤（重曹、ピロリン酸ナトリウム、リン酸一カルシウム）；高フルクトースコーン液糖、コーン液糖。
原材料に小麦を含む

(B)　クラッカー

名　　称	：クラッカー
原材料名	：小麦粉，ショートニング，砂糖，食塩果糖ぶどう糖液糖，コーンシロップ，膨張剤
内 容 量	：453g
賞味期限	：2006 年 1 月 24 日
保存方法	：直射日光，高温多湿をさけて保存して下さい
原産国名	：アメリカ合衆国
輸 入 者	：

＊開封後は口をしっかりと閉め，お早めにお召し上がり下さい。

図 3-1　アメリカのクラッカー表示例（A）と日本向け表示（B）

Nutrition Facts
Serving Size 4 pieces (36 g)
Servings Per Container about 9

Amount Per Serving	
Calories 190	Calories from Fat 90
	% Daily Value*
Total Fat 10 g	15%
Saturated Fat 5 g	25%
Trans Fat 0 g	
Cholesterol 5 mg	2%
Sodium 75 mg	3%
Total Carbohydrate 22 g	7%
Dietary Fiber 0 g	0%
Sugars 19 g	
Protein 3 g	
Vitamin A 0% • Vitamin C 0%	
Calcium 8% • Iron 0%	

*Percent Daily Values are based on a 2,000 calorie diet. Your daily values may be higher or lower depending on your calorie needs:

	Calories:	2,000	2,500
Total Fat	Less than	65g	80g
Sat Fat	Less than	20g	25g
Cholesterol	Less than	300mg	300mg
Sodium	Less than	2,400mg	2,400mg
Total Carbohydrate		300g	375g
Dietary Fiber		25g	30g

A
ホワイトチョコレートクッキー
栄養の実態
供給サイズ4個（36g）
包装内は約9回供給
一供給中の量
カロリー190、脂肪カロリー90

	一日量中%＊
全脂肪 10g	15%
飽和脂肪 5g	25%
トランス脂肪 0g	
コレステロール 5mg	2%
ナトリウム 75mg	3%
全炭水化物 22g	7%
食物繊維 0g	
糖類 19g	
たん白質 3g	

ビタミンA 0%・ビタミンC 0%
カルシウム 8%・鉄 0%
＊一日量の%は2,000カロリー摂取の場合で、自分のカロリー必要量で増減すること

B
INGREDIENTS: WHITECHOLOLATE (SUGAR; COCOA BUTTER; NONFAT MILK; LACTOSE; REDUCEDMINERALSWHEY; MILKFAT; SOY LECITHIN AND PGPR. EMULSIFIERS; VANILLIN. ARTIFIGIAL FLAVOR; AND TOCOPHEROLS. TOPRESERVE FRESHNESS): ENRICHED WHEAT FLOUR (NIACIN;.REDUCED IRON; THIAMIN MONONITRATE; RIBOFLAVIN; AND FOLIC ACID); SUGAR; PARTIALLY HYDROGENATED VEGETABLE OIL (SOYBEAN AND/OR COTTONSEED OIL); CONTAINS 2% OR LESS OF: COCOA PROCESSED WITH ALKALI; WHEY (MILK); CHOCOLATE; HIGH FRUCTOSE CORN SYRUP; SODIUM BICARBONATE; s ALT; SOY LECITHIN; AND NATURAL A ARTIFICIAL FLAVOR ⓊD
ALLERGY INFORMATION: MANUFACTURED ON THE SAME EQUIPMENT THAT PROCESSES TREE NUTS.

原材料：ホワイトチョコレート（砂糖；カカオバター；脱脂乳；乳糖；脱脂ホエー乳脂；乳化剤の大豆レシチンおよびPGPR；人造香料のバニリン；酸化防止剤のトコフェロール）；強化小麦粉（ナイアシン；鉄強化；チアミン一硝酸塩；リボフラビン；葉酸）；砂糖；部分水素添加植物油（大豆油および／または綿実油）；2%以下のココア処理アルカリ；乳ホエー；チョコレート；高フルクトースコーン液糖；重炭酸ナトリウム；食塩；大豆レシチン；天然および人造香料．アレルギー情報：同じ装置で木の実を加工しています。

C　ナゲットクッキー＆クリーム

名　　称	チョコレート
原材料名	砂糖，脱脂乳，ココアバター，小麦粉，乳脂，乳糖，植物油脂（大豆油，綿実油），ココア，ホエイ（乳製品），カカオマス，コーンシロップ，食塩，乳化剤（大豆由来等），ベーキングパウダー，香料，酸化防止剤（ビタミンE）
内 容 量	340g
賞味期限	下に記載
保存方法	直射日光，高温多湿をさけ，保存して下さい 原産国名：アメリカ合衆国
輸 入 者	

図3-2　アメリカのチョコレート菓子の表示例（AおよびB）、Cはその日本向け表示

Instant Coffee with Whitener, Sugar and Vanilla Flavour.

Ingredients:
Sugar, Skimmed Milk Poowder (19%), Hydrogenated Vegetable Oil, Lactose, Instant Coffee (9.7%), Dried Glucose Syrup, Flavourings, Thickener, E466, Milk Proteins, Stabilisers (E340, E452i, E331), Salt.

NUTRITION INFORMATION TYPICAL VALUES	Per 100 g	Per Mug with 200ml Water	Adult GDA*	% GDA*
Energy	1793 kJ 429 kcal	332 kJ 79 kcal	2000 kcal	4%
Protein	9.3 g	1.7 g	45 g	4%
Carbohydrate White sugars	64.6 g 55.8 g	12.0 g 10.3 g	230 g 90 g	5% 11%
Fat of which saturates	14.9 g 14.8 g	2.8 g 2.7 g	70 g 20 g	4% 14%
Fibre	1.2 g	0.2 g	24 g	1%
Sodium	0.3 g	0.1 g	2.4 g	3%
Salt Equipment	0.8 g	0.2 g	6 g	3%

*GDA are Guidelines Personal requirements vary depending on age, gender, weight and acitivity levels.

Each 18.5g serving (with 200ml water) contains

Calories	Sugars	Fat	Saturates	Salt
79	**10.3g**	**2.8g**	**2.7g**	**0.2g**
4%	11%	4%	14%	3%

of an adult's guideline daily amount*

図3-3　イギリスのインスタントコーヒーの表示
（左上：原材料表示、右上・下：栄養表示）

肥満や慢性疾患の予防のため、食品の栄養内容を明示させたものです。その例は図3-1および図3-2に示す「栄養実態：Nutrition Facts」表示の義務づけでした。この表示は一九九六年末から全米で義務化され、後にトランス脂肪の含有量表示が義務化されました。近く、栄養表示教育法による表示はさらに改良される予定です。

　EUの各国では、二〇一〇年に実質的に栄養内容は表示済みであり、栄養情報（Nutritional Information）として表示されています。一例として、イギリスのインスタントコーヒーの表示例を図3－3に示しました。なお、栄養表示はスイス、トルコ、東欧諸国、中央アジア諸国などでも義務化済みであり、アフリカのウガンダ、セネガル、コートジボアール、その他途上国でも義務化されています。また二〇一二年七月には、国連のFAOの下部組織（コーデックス委員会）が、栄養表示の原則義務化を定めましたので、すでに多くの途上国を含めてほぼ全ての加盟国で栄養内容が表示されています。

(2) アメリカが始めた栄養表示が世界に広まる

アメリカの加工食品表示の特徴は、栄養表示教育法による表示です。前項の図3－1および図3－2に、クラッカーとチョコレート菓子の表示の和訳を示しましたが、図のように一回の供給サイズ（この場合は一四gおよび三六g）に含まれる栄養内容が記載され、熱量、全脂肪とその内容、コレステロール、ナトリウム、炭水化物と食物繊維および糖分、ビタミンとミネラルが示されます。油脂の内容としては、飽和脂肪とトランス脂肪が表示されます。全脂肪から飽和脂肪とトランス脂肪を引けば不飽和脂肪になりますので、不飽和脂肪酸（オレイン酸、リノール酸、リノレン酸）の量の記載は任意とされています。

アメリカでは、特に心臓血管病へのリスクが高いことが認められたトランス脂肪酸について、含有量の表示が二〇〇六年一月から義務化されました。またアメリカの食品医薬品庁（FDA）は、硬化油中にはトランス脂肪酸が多いため、過去になされた硬化油のGRAS（一般に安全と見なす）指定を取り消しました。

アメリカの栄養表示は大変親切で、肥満や生活習慣病の予防に役立ち、それを読めば重要な情報を与えてくれます。この食品栄養表示が優れている点は、その食品の包装一個を摂りますと、それが一日の栄養所要量の何％になるかが容易に分かることです。この方式はＥＵ各国はじめ主要国が採用しています。また、一日の所要カロリーが二〇〇〇キロカロリーの人と二五〇〇キロカロリーの人の場合で、各栄養素をどれだけ摂るべきかが表示されています。

日本では体重指数（ＢＭＩ：体重kg÷身長mの二乗）が二五以上を肥満としています。しかし、世界的にはＢＭＩが一八・五〜二五を標準体重、二五〜三〇を太り気味（過体重）、三〇以上を肥満に分類しています。アメリカ人の肥満傾向は深刻で、ＢＭＩが三〇以上の成人の肥満人口は二〇一〇年に三五・七％に達し、その後も増え続けています。肥満は二型糖尿病はじめ心臓血管病、ある種のガンの罹患に関連します。なお、標準体重の人と過体重の人には健康問題に差がありません。

米国ギャラップ社の調査結果で、七割のアメリカ人はレストランの栄養表示を見ており、包装食品の栄養表示を女性の七三％、男性の六一％が見ているとされました。多くの消費者が食品購入で表示を読んでおり、特に脂肪とカロリーに注意するとされます。他方、日常的には約半数の消費者が、表示を食品選択に生かしていないとされます。しかし、残りの半数の消費者が表示を利用していることは重要です。

(3) 理解されやすい栄養表示の図案化

数値を示した栄養内容の表示では、一見して内容の理解ができません。特に、食品中の主要な栄養成分が、勧告一日摂取量中のどれだけ（何％）を占めるかの理解は重要ですから、最近はこの実態を分かりやすい図案で示す例が多くなりました。図3-4は英国の交通信号方式で緑、黄色、赤を使って栄養内容を示します。図3-5はEU諸国、図3-6はオーストラリアの方式で、熱量、脂肪と飽和脂肪、糖類と食塩の含有量、それらの勧告一日摂取量に対する％を示します。現在は世界的に後の二者の方式が主流になりました。アメリカでは、栄養表示の表に加えて見やすい図を、加工食品の主要面（前面）に表示する計画が進んでいます。栄養表示に記載する栄養素のリストは、国によってある程度の差異があります。

(4) 加工食品の栄養組成表示は必須

日本の加工食品の栄養表示は、二〇二〇年までには全て義務化されますが、その栄養成分内容は大変簡単です。表示項目は、熱量（キロカロリー）、タンパク質、脂質、炭水化物、ナトリウムで、さらに任意の推奨表示として飽和脂肪、食物繊維、糖分が加わります。最初の五項目の栄養素表示は世界的に最低限の内容であり、いくつかの途上国にも劣ります。すでに現在、多くの加工食品に栄養表示が行われています。しかし、表示方法が統一されていないため、一〇〇g当たり、一個当たり、一箱当たりなどの表示が行われており、商品間の比較が困難で

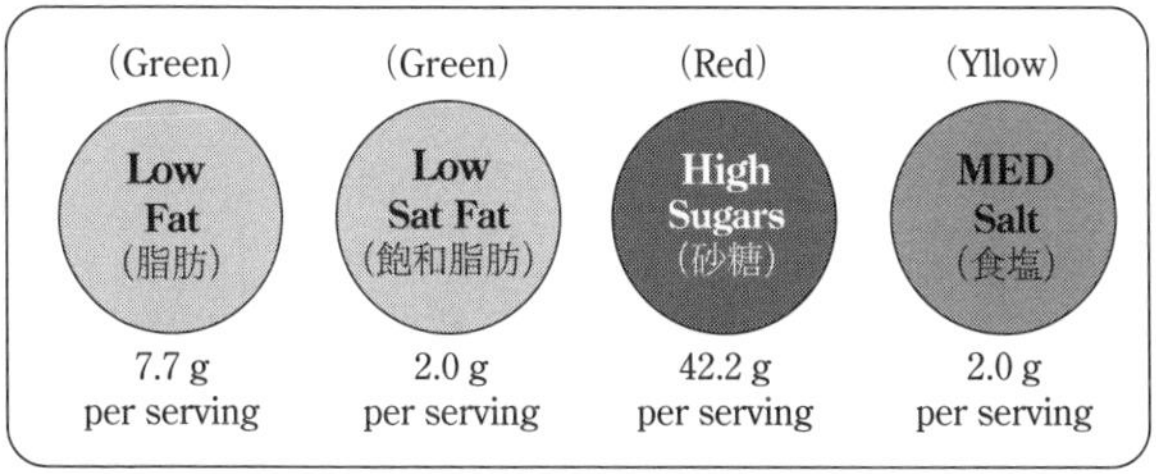

図 3-4 イギリス食品基準庁が提案した交通信号式の食品栄養表示
(1食当たりの量をgで表示)

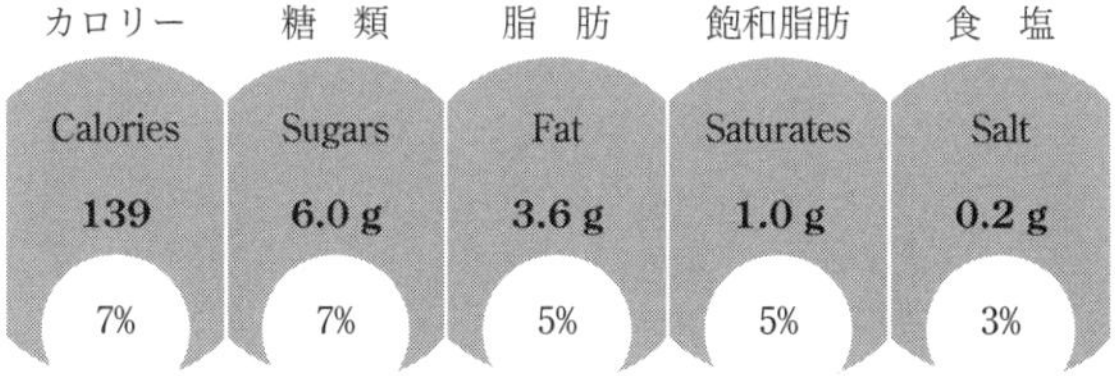

図 3-5 EU 食品飲料産業連盟(CIAA)が推奨する GDA 表示の例
成人の1日当たりの推奨摂取量(GDA)に対する比率(%)を記載

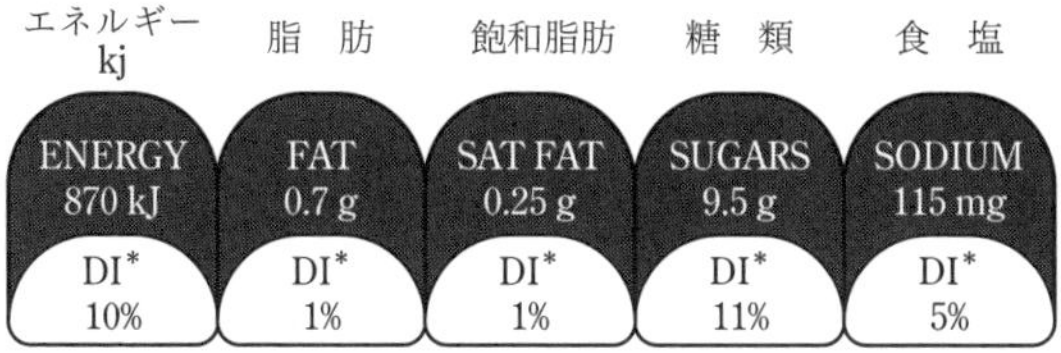

図 3-6 オーストラリアの食品雑貨協議会(AFGC)による
1日摂取ガイドの表示例

す。加工食品の栄養表示は大変重要で、栄養内容が分かることは商品選択の助けになります。分かりやすく親切な栄養表示があれば、消費者は同じ種類の商品の選択で、どれが最もタンパク質が多いか、どれが食塩や飽和脂肪の量が少ないかなどを比較できます。

現行の栄養表示が不備な点は、例えば図３−７の場合、炭水化物が一箱当たり三七・一ｇとあれば、チョコレートですからそれが砂糖と判断できます。しかし通常の食品では、炭水化物が砂糖かデンプンか、食物繊維であるのか全く分かりません。このチョコレートの場合、脂質四一・八ｇの中味は植物油脂、ココアバター、乳脂のはずですが、油脂類の内容は不明です。健康的な油脂とトランス脂肪のように避けるべき油脂があり、大豆油、パーム油など油脂の種類や、水素添加油脂など油脂の内容が表示されないのは、先進国ではほぼ日本だけです。お隣の韓国では二〇〇八年から加工食品の表示法が大きく改善されました。

アメリカの若い世代では、食塩摂取の約七〇％が加工食品に由来するとされますので、日本でも食塩含量の表示も大変重要です。食塩（塩化ナトリウム）量は、ナトリウム量または食塩相当量で表示されます。ナトリウムの量は主にmgで表示されますが、それを二・五倍すると食塩量になります。食塩の量を減らすことは、高血圧の予防、ひいては脳梗塞や心筋梗塞など心臓血管病の予防に役立ちます。

日本人は一日平均約一〇ｇの食塩を摂っていますが、国連の世界保健機関（ＷＨＯ）は一日五ｇ以下を推奨しています。「食塩一日六ｇ運動」が二〇〇四年にイギリスから始まり、ＥＵに普及し

（当社分析値）

主要栄養成分	
1箱（標準87g）当たり	
エネルギー	551kcal
たんぱく質	6.5g
脂質	41.8g
炭水化物	37.1g
ナトリウム	42mg

名　称	チョコレート
原材料名	砂糖，マカダミアナッツ，全粉乳，カカオマス，植物油脂，ココアバター，乳糖，乳化剤（大豆を含む），香料
内容量	12粒
賞味期限	右側の面に記載
保存方法	28℃以下の涼しい場所で保存して下さい。
製造者	

図3-7　日本製チョコレートの表示

ています。これが実現すれば、イギリスの死亡原因の六割を占める心臓血管病の罹患が、劇的に減少すると期待されました。この運動で食塩含量が加工食品選びの指標になり、食塩表示をチェックする消費者が、イギリスでほぼ半数に達したとされます。なお、食塩の必須摂取量は成人で一日一・五gとされます。

単に含有量の多いものから原材料を列記し、水分表示が不要な日本の表示制度では、水増しやごまかしが可能になります。また、あまりにも単純な栄養成分表示は国民の健康維持の指針として不十分であり、アメリカのような栄養組成の表示はいまや必須といえましょう。病気予防の費用は、病気の治療費に比べて桁違いに少ないのです。健康保険制度の改定で、個人負担の増額などで医療費を抑制する以前に、国民の健康意識向上によって疾病を予防することこそ急ぐべきでしょう。

(5) 重要および特徴的原料の％表示――ＥＵで始まり世界に普及

食品に使われる原料の内容がより明確であることが求められ、世界ではこの方向での改革が行われました。ＥＵは二〇〇〇年から、主要な原料や特徴的な原料について、水分を含めて％による定量的な表示を義務化しました。量的表示が必要な原材料は次の四種の場合で、原材料の量を％で表示します。

① 商品名に原料名がある（例：「ストロベリーヨーグルト」のイチゴ含有量）
② 表示に絵、写真、言語で原料が示される
③ その原料が食品固有の性質に不可欠であり、他の製品と混同を避ける場合
④ 欧州委員会が規制を定めた場合

これらは**原材料の量的表示（Quantitatively Ingredient Declaration）制度**（ＱＵＩＤ）と呼びます。ＱＵＩＤのガイドラインは、五％以上の加水および完成品内での五％を超える水分、食肉、魚介類、野菜、果物、ナッツ、カカオ、チョコレート、バター・チーズなどの乳製品、蜂蜜などを％で表示します。特にソーセージなどの肉製品では、全原材料、各種肉量、水分、全肉量の％の表示を行います。しかし、ハム類には別に規格があるので除外されます。

前述しましたが、この種の原材料の量的表示はＥＵのほかに南米五か国、ロシアと東欧、近東、

中央アジア、オーストラリア／ニュージーランド、タイ、マレーシア、ベトナム、韓国で義務化されています。図3-8は日本の安価なハムの原材料表示をQUIDによって示しました。このように、豚の腿肉（ハム）以外の種々原料を含む製品は、海外ではハムアナログ（模造品）と呼ばれます。肉製品などの原料が表示されれば、価格と内容の対比によって、消費者の商品選択は容易になります。水分も食品の重要な構成要素ですが水増しはいただけません。

図3-9は日本から韓国に輸出されたアーモンドチョコレートの表示であり、アーモンド量が％で、油脂の内容などが表示されています。各国では、栄養表示を含めて義務表示の項目数が日本より多く、日本の表示項目の二倍以上になることがあります。またどの国でも、消費者は食品添加物の内容や安全性を気にかけます。

(A)　加熱食肉製品（加熱後包装）

名称	ロースハム（スライス）
原材料名	豚ロース肉、糖類（乳糖、水あめ）、大豆たん白、乳たん白、卵たん白、食塩、粗ゼラチン、ポークエキス、たん白加水分解物、酵母エキス、リン酸塩（Na)、増粘剤（カラギナン）、調味料（アミノ酸等）、カゼインNa、酸化防止剤（ビタミンC)、サイクロデキストリン、発色剤（亜硝酸Na)、着色料（カルミン酸）

(B)　加熱食肉製品（加熱後包装）

名称	ロースハム類似物（スライス）
原材料名	水40%、豚ロース肉41%、大豆たん白2.8%、乳たん白2.6%、卵たん白2.4%、乳糖2.3%、水あめ2.2%、食塩2.0%、粗ゼラチン1.2%、ポークエキス0.8%、酵母エキス0.5%、たん白加水分解物0.4%、リン酸Na、増粘剤（カラギナン）、調味料（グルタミン酸Na)、カゼインNa、酸化防止剤（ビタミンC)、サイクロデキストリン、発色剤（亜硝酸Na)、着色料（コチニール） 肉含有量41%

図3-8　JAS規格外ロースハムの表示（A)、この種の製品をEUのQUID制度で表示したもの（B)

そこで、特にFAOとWHOの規則では、食品添加物に関して最も詳細に基準が定められました。そして、どの国でも食品添加物の全体について、それらの用途名と物質名の表示を義務化しています。しかし日本では、食品添加物の物質名を記載せずに「調味料」「乳化剤」「酸味料」など、複数の原料を一括名で表示することができますので、表示の数が減ります。また使用した油脂は、個別名や水素添加（硬化）の有無などを表示せず、「植物油脂」とだけ表示できます。

主要国の食品表示項目を調査した結果を対比して表3-1に示しました（二〇一四年末時点）。これを見ると、日本の食品表示の必要項目数がいかに簡略化されているかが分かるでしょう。

日本国内での表示

名　　称	チョコレート
原材料名	砂糖、アーモンド、全粉乳、カカオマス、植物油脂、ココアバター、乳糖、光沢剤、レシチン（大豆由来）、香料
内 容 量	105 g
賞味期限	この面の左部に記載
保存方法	28℃以下の涼しい場所で保存してください。
製 造 者	○○○○株式会社

主要栄養成分 100 g 当たり	
エネルギー	581 kcal
蛋白質	11.1 g
脂質	38.4 g
炭水化物	47.7g
ナトリウム	39 mg

カカオポリフェノール
410mg/100g

韓国内での表示

食品衛生法によるハングル表示事項（和訳）
・製品名：○○**アーモンドチョコレート**
・食品の類型：**チョコレート加工品**
・重量：105 g
・輸入元：○○○○（株）
　ソウル市○○区○○　○○ビル
・製造元（原産地）：○○○○株式会社
・流通期限：**製品裏に別途表示された月の01日まで（読み方：年 / 月旬）**
・原料名：砂糖、アーモンド（26%）、全脂粉乳（牛乳）、カカオマス、植物性油（パーム油、ひまわり油）、ココアバター、乳糖（牛乳）、シェラック、大豆レシチン、合成着香料［アーモンド香（0.2%）、チョコレート香（0.1%）バニラ香］、アラビアガム
・保管方法：直射日光及び湿気のあるところを避けて28℃以下で保管
・返品及び交換：仕入先または輸入元　・消費者相談：☎××）×××−××××
・包装材質：紙、ポリプロピレン

栄養成分 1回提供量1/4パック（30g） 全3.5回 提供料（105g）	
1回提供量当たり含量：	
熱量	175kcal
炭水化物	14g（4%）
・糖類	12g
蛋白質	3g（5%）
脂肪	12g（24%）
・飽和脂肪	4.7g（31%）
・トランス脂肪	0g
コレステロール	0mg（0%）
ナトリウム	10mg（1%）

▲（　）内の数値は1日栄養素基準値に対する割合

本製品は公正取引委員会告示消費者紛争解決基準に基づいて交換または補償を受けることができます。

図 3-9　韓国に輸出したアーモンドチョコレートの表示

品表示内容比較（2014年）

タイ	メキシコ	インド	ブラジル	マレーシア	チリ	アラブ首長国	アルゼンチン	ウクライナ	ロシア	トルコ	香港	台湾	カナダ
○	○	○	○	○	○	△	○	○	○	○	○	○	○
○	○	○	○	○	○	△	○	○	○	○	○	○	○
○	○	○	○	○	○	△	○	○	○	○	○	○	○
○	○	○	○	○	○	△	○	○	○	○	○	○	○
○	○	○	○	○	○	△	○			△	○	○	○
○	○	○	○		○	△	○			△	○	○	△
△	△	○	△	○	△	△	△			△	△	△	△
○	○	○	○	○	○	△	○	○	○	○	○	○	○
○	○	○	○	○	○	△	○			△	○		○
○	○		○	○	○	△	○			△	△		○
○	○	○	○		○	△	○			△	△		○
○	○	○	○	○	○	△	○	△	△	△	○	○	○
○	○	△	○		○	△	○				△		○
○	○	△	○	○	○	△	○				△		○
○	○		○		○	△	○				△		○
○	×	×	○	○	○	×	○	○	○	○	×	×	×
○	○	○	○	○	○	○	○	○	○	○	○	○	○
○	○	○	○	○	○	○	○	○	○	○	○	○	○
?	○	○	○	?	○	○	?	?	?	?	?	?	○
○		○				○				○		○	
○	○	○	○	○	○	○	○	○	○	○	○	○	○
○	○	○	○	○	○	○	○	○	○	○	○	○	○
○	○	○	○	○	○	○	○	○	○	○	○	○	○
○	○	○	○	○	○	○	○	○	○	○	○	○	○
○	○	○	○	○	○	○	○	○	○	○	○	○	○
○		○	?				?	○	○	○	○		△
○	○	○	○	○	○	○	○	○	○	○	○	○	○
○	○	○	○	○	○	○	○	○	○	○	○	○	○
○	○	○	○	○	○	○	○	○	○	○	○	○	○
＞5	△	×	＞4	?	?	?	△	?	?	?	?	?	×
?	?	?	?	?	×	○	?	?	?	?	?	?	○
?	?	?	?	?	?	?	?	?	?	?	?	?	△

は米国式のNLEAを行っている。タイは最近、主要食品の各原材料の％表示と栄養表示
脂肪（飽和脂肪）、炭水化物、食物繊維、コレステロール、Na。
添加物番号。　＊＊＊：国によるGMOの分析法に差があり、直接的な比較はできない。

表３－１　世界主要国の食

	日本	米国	EU 27国	オーストラリア ニュージーランド	韓国	中国	スイス
栄養表示	任意△	○	○	○	○	○	○
エネルギー	△	○	○	○	○	○	○
たんぱく質	△	○	○	○	○	○	○
脂肪	△	○	○	○	○	○	○
飽和脂肪		○	○	○	○	△	○
トランス脂肪		○	△	△	○	△	
不飽和脂肪		△	△	△	△		
炭水化物	△	○	○	○	○	○	○
糖		○	○	○	○	△	
食物繊維		○	△	△	△	△	○
コレステロール		○	△	△	○	△	
ナトリウム（食塩）	△	○	○	○	○	○	○
ビタミン		○	△	○	△	△	○
ミネラル		○	△	○	△	△	○
勧告摂取量に占める％		○	△	△	○		
主要原材料の％表示	×	×	○	○	○	×	△
食品の品名または種類名	○	○	○	○	○	○	○
返品先：製造販売や輸入元	○	○	○	○	○	○	○
アレルギー情報（含添加物）	○	○	○	○	○	○	○
製造日表示（および期間）					○	○	○
Best for　賞味期限	○	△*	○	○	○		○
Use by　消費期限	○	△*	○	○	○	○	○
原材料表示（多い順）	○	○	○	○	○	○	○
表示の絵は真実	○	○	○	○	○	○	○
食品添加物	○	○	○	○	○	○	○
用途名必須	○		○	○	○		○
物質名（INS、E-No**など）	簡略名	○	○	○	○	○	○
全食品添加物表示	一括名	○	○	○	○	○	○
使用および保管方法	○	○	○	○	○	○	○
GMO 表示（＞％）***	＞5％	△	＞0.9	＞1.0	＞3	＞0	＞3
生鮮食品原産国	○	○	○	△	○	？	？
有機食品	○	△	○	○	○	○	○

○：必須　△：任意　×：なし　？：未調査。　現在、EU の多国籍企業の栄養表示を実施済みで、輸出食品は NLEA 栄養表示。シンガポールの栄養表示は、エネルギー、
＊：米国の期限表示は州によって必須。　＊＊：INS；国際物質番号、E-No；EU の食品

3.3　食品表示は消費者のためにある

食品表示は、特に加工食品の構成内容を知り、健康維持のために役立たなければ意味がありません。そこでいくつかの実例に基づいて、加工食品表示の問題点とあるべき姿を述べてみたいと思います。消費者庁が発足する前の二〇〇九年春に、内閣府はEUと主要七か国の食品制度を調査し、筆者は韓国の調査を担当しました。その報告などから、日本との比較で、各国の食品表示制度の概要を紹介します。(2)

(1)　過去の食品表示と改善

食品衛生法とJAS法に関する過去の経緯を簡単に振り返ります。一九九五年に食品衛生法が改正され、既存添加物に表示義務が課された後、JAS法と食品衛生法の改正によって食品表示が次第に改善されました。特にBSE事件の翌年、二〇〇二年一月の輸入牛肉の国産詐称事件以降に、主要な食肉会社の重大な不正行為が相次いで発覚しました。その後は種々の食品に関して、産地や銘柄の詐称など種々の不正行為が摘発され、これらの事件が生産者や製造・流通業者の保護に偏った食品行政を、消費者保護に向かわせました。

二〇〇四年には「消費者基本法」が施行され、消費者の権利を拡大することになりました。食料や各種の食品は消費者にとって最重要な関心事ですが、二〇〇九年の消費者庁設立まで、省庁の名前に「食品」「食料」「消費者」のどれかが入っていない国は、先進国のなかで日本だけでした。二〇〇三年に廃止された食糧庁は、生産者のための組織でした。

日本の食品表示制度は、経済開発協力機構（ＯＥＣＤ）加盟国はもとより、多くの途上国に比べても劣っています。表示内容はかなりあいまいで内容が貧弱であり、製造・販売業者には好都合ですが、消費者の商品選択は容易ではありません。物事はあいまいにするほど人は信用しません。食品の内容に対する消費者の関心が高まっているのに、日本の食品表示制度はいまだに不完全です。さらに近年は食育が大きく論じられていますが、多くの加工食品の詳しい栄養内容はいまだ不明のままです。

健康維持の条件は健全な食生活が基本です。食品表示は、消費者の商品選択と健康にとって重要な情報源であり、食品衛生法、ＪＡＳ法、健康増進法の規定に従って行われてきました。個別の法律によって行われた食品表示は、前述の通り消費者庁が一元化して「食品表示法」として二〇一三年に公布され、二〇二〇年に義務化されます。

農林水産省では過去に、消費者の視点に立ったＪＡＳ制度のあり方を検討し、食品表示ルールの見直しを行いました。その後に生鮮食品や穀類の原産地表示、加工食品二二種の主要原料の原産国や、有機農産物の表示などが改善されました。しかし、五％以下の遺伝子組み換え食品含有は表示不要で、原材料の表示方法、省略の多い食品添加物表示方法、その他に改善が必要です。

生鮮食品の内容は、ある程度の栄養知識があれば分かります。また、手軽に入手できる食品標準成分表によって、各種食品の栄養内容を調べることができます。しかし、消費者が食品表示で最も分かりにくく、また「あいまいさ」を感ずるのは加工食品の表示です。現在の表示法では、原材料に関しておおよそのことしか分かりません。また、栄養表示が義務化されていませんので、消費者の健康管理が十分に行えません。

日本の加工食品表示と、アメリカ、欧州連合（ＥＵ）、韓国、その他諸国の表示を比較しますと、その後進性が目立ちます。前述しましたが、東アジア諸国で、現在も栄養表示が義務化されていない国は、日本以外は北朝鮮とラオスとみられ、ミャンマーが近く義務化します。また、食品の主要原料と特徴的原料の％表示が義務化されている国は、ＥＵ諸国以外に四〇か国を超えて増加中です。前述しましたが、近隣国では韓国、タイ、マレーシア、ベトナム、オーストラリア、ニュージーランド、香港で義務化されました。

(2)　食品の名称、定義の問題――数多い「もどき食品」

日本のハム類の大部分が、欧米では「もどき食品」に属することはすでに述べました。食品の国際規格や諸外国の規格とは異なって、日本には牛乳と乳製品、ＪＡＳ規格製品、公正取引規約への加盟業者の食品以外には、加工食品に定義と規格がありません。そこで、豚肉を使ってハムの形をしていれば、全てを「ハム」と表示できます。前述のように、ＥＵの制度ではハム類には厳密な規格があり、ソーセージなどの肉製品に対しては肉の種類と含有量、肉の総量と水分を表示させています。

また、先に述べた清酒（日本酒）のように、通常の清酒には原酒とほぼ同量の醸造アルコールを混合することができ、最高級の大吟醸の清酒にも醸造アルコール添加が可能です。そこで、「純米酒」と表示されたものだけが昔からの清酒になります。海外では、リキュール以外は酒類へのアルコールの添加は犯罪になります。

また日本の食品名には、調整蜂蜜など「調整＊＊」と表示した食品があります。「調整」からは「水増し」や「まぜもの」を連想できませんが、「調整＊＊」とは、その食品に「まぜもの」を含むことを意味します。「調整蜂蜜」とは、蜂蜜以外に四〇％までの水あめや液糖を加えた日本独特の食品です。また、その他に調整ラード、調整豆乳があります。現在、これ以外に「調整＊＊」はありません。

純正で本物である食品とまぜもののある食品を、同じ食品名で販売できる先進国は、日本以外に多分ありません。国連ＦＡＯのコーデックス（食品法典）は個別の食品約二〇〇品目について、それらの定義と規格を定めており、また各国には多くの個別食品に定義と規格があります。例えば、韓国は五一三の食品に規格（ＫＳ規格）を定め、アジアの多くの国はコーデックスに準拠した食品規格を定めています。日本では、定義と規格が厳正に定められている食品は、食品衛生法が定める「乳と乳製品に関する五七の規格」だけです。その他にＪＡＳ規格五五品目と、公正競争規約四五品目がありますが、これらの制度に加盟するかしないかは業者の自由です。そこで日本では、本物ではないために世界には通用しない種々の加工食品が、本来の名称で流通しています。

人口減少が始まった日本では、食品産業の発展はアジアなどの近隣諸国への展開なしにはあり得ません。そこでは加工食品規格の国際的整合性、国際的品質水準を志向する必要があり、その規格はコーデックス基準に準拠する必要があります。そこで、厳格な加工食品の規格制定や、調整蜂蜜などのあいまいな食品規格の廃止が必要と思われます。

(3)　あいまいな加工食品表示、先進国との格差

日本の加工食品表示は、生産者の意向を受け入れて定められてきたために、欧米に比べてあいまいさが残り、消費者の商品選択を阻害しています。長年にわたって企業の都合に配慮した行政を続けたために、表示制度自体にいくつかの不合理を抱え込みました。食品の安全性や、表示に対する消費者の関心が高まっており、前述したように消費者庁は食品表示の一元化に取り組みました。しかし、二〇二〇年の栄養表示の義務化を除きますと、大きな改革はなされませんでした。食品表示制度の改革では、消費者の商品選択を容易にすることと、公正な売買を促進できる制度が望まれます。

日常の食生活では単身世帯や女性の社会進出の増加で、加工食品に依存する比率は高まってきています。アメリカの若者は食事の七〇％を加工食品に依存しているとされます。そこで健康維持のために、日本でも加工食品の栄養内容表示の重要性が増加してきています。いくら食育の重要性と

表 3–2 輸入食品の原材料表示および栄養表示に見る、先進国と日本国内表示の比較

原産国の表示				日本国内の表示	
国別	品名	原材料表示	栄養表示	品名	原材料表示
英国アメリカで販売	小麦全粒クラッカー	小麦全粒粉、パーム油、しょ糖、転化糖、水、膨張剤（重炭酸ナトリウム、酒石酸、りんご酸）、食塩	2 個 17g 当たり カロリー 80Cal、脂肪由来 30Cal 1 日分中% 全脂肪 3.5g 5% 飽和脂肪 1.5g 8% トランス脂肪 0% コレステロール 0% ナトリウム 100mg 4% 全炭水化物 11g 4% 食物繊維 1g 4% 糖類 3g 3% 蛋白質 1g V.A、V.C、カルシウム、鉄は十分でない	ビスケット	小麦全粒粉、植物油脂、砂糖、転化糖、食塩、膨張剤
オーストラリア	ミルクチョコレート果物とナッツ	ミルクチョコレート（76%）（全クリーム乳、しょ糖、、ココアバター、カカオマス、乳固形分、乳化剤（レシチン、PGPR）、香料、種なしブドウ 15%、カシュー 5%、アーモンド 3.5%、微量の他ナッツ含有可能性あり。ミルクチョコレートは乳固形分 28%、ココア 26%を含有	3 個 50g 当たり 100g 当たり エネルギー 150kJ 2010kJ 蛋白質 4.0g 8.1g 全脂肪 13.4g 26.8g 飽和脂肪 7.4g 14.7g 炭水化物 28.4g 56.7g 糖分 27.3g 54.6g ナトリウム 34mg 67mg	チョコレート	砂糖、牛乳、ココアバター、レーズン、カカオマス、カシューナッツ、アーモンド、乳化剤（大豆含有）、香料
イタリア	ココアクリーム(40%)ビスケット	小麦粉、しょ糖、植物性油脂、植物性マーガリン（植物性油脂、水、酸味料：クエン酸）、ココア 5.5%、鶏卵、バター、ヘーゼルナッツペースト、ブドウ糖液、糖、全脂粉乳、ココアペースト（クリームの 3%、全体の 1.2%相当）、チョコレート 1%、乳化剤：大豆レシチン、食塩、膨張剤：重炭酸ナトリウムおよびアンモニウム、香料。微量のピーナツ（油）を含み得る。水素添加油を含まず。	100g 当たり 1 個 16.7g 当たり エネルギー 536Cal 90Cal 2273kJ 374kJ 蛋白質 6.4g 1.1g 炭水化物 53.8g 9.0g 脂質 32.8g 5.5g	チョコレートクリームクッキー	小麦粉、砂糖、植物油脂、マーガリン（クエン酸使用）、ココア、卵、バター、ヘーゼルナッツペースト、ブドウ糖液糖、全粉乳、ココアペースト、チョコレート、食塩、乳化剤（大豆由来）、膨張剤、香料
アメリカ	ホワイトチョコレートクッキー	ホワイトチョコレート（砂糖、ココアバター、脱脂乳、乳糖、減塩ホエー、乳脂、乳化剤：大豆レシチンおよびPGPR、人造バニリン香料、酸化防止剤のトコフェロール）、強化小麦粉（ナイアシン、還元鉄、チアミン硝酸塩、リボフラビン、葉酸）、砂糖、部分水素添加植物油（大豆油およびまたは綿実油）	供給サイズ 4 個（36g） 9 回分 4 個中カロリー 190Cal 脂肪 90Cal 1 日所要量中 % 全脂肪 10g 15% 飽和脂肪 5g 25% トランス脂肪 0g コレステロール 5mg 2% ナトリウム 75mg 3% 炭水化物 22g 食物繊維 0g 糖類 19g 蛋白質 3g V.A および V.C 0% カルシウム 8% 鉄 0% ●1 日所要量は 2000Cal で計算。各自カロリー必要量で増減のこと	チョコレート	砂糖、脱脂乳、ココアバター、小麦粉、乳脂、植物油脂、ココア、ホエー、カカオマス、コーンシロップ、食塩、乳化剤（大豆由来等）、ベーキングパウダー、酸化防止剤（ビタミン E）

表 3-3　輸入食品の原材料表示に見る欧州原産国と日本国内の表示比較

日本国内表示			原産国の表示（エネルギー、タンパク質、炭水化物、脂質を別途表示）	
原産国	品名または名称	原材料	品名	原材料
デンマーク	ナチュラルチーズ	クリーム、ヘーゼルナッツ、ヌガー、ラム酒、食塩、増粘剤（ゼラチン）、pH 調整剤 要冷蔵（10℃以下）	ラム入り全脂肪ソフトチーズ	クリーム、ヘーゼルナッツ（12％）、ファッジ（6％）、ラム酒（4％）、ゼラチン、食塩、pH 調整剤（クエン酸）、乳酸培養物、固形分乳脂肪分 60％、2 − 8℃保存
スイス	ビスケット	小麦粉、砂糖、バター、クリーム、卵、食塩	バターサブレ	小麦粉、砂糖（33％）、バター（14％）、バターオイル（7％）、発酵クリーム、卵、食塩、食塩合計 0.5％以下、グルテンを含む
イギリス	ビスケット	小麦粉、バター、砂糖、食塩、卵、アーモンド	ショートブレッド	小麦粉、バター（29％）、砂糖、アーモンド（5％）、食塩、ナッツアレルギー患者に不適
ドイツ	ケーキ	砂糖、小麦粉、卵、植物油、オレンジ皮、小麦でん粉、水あめ、コアントロ、安定剤（ソルビトール）、米粉、ブドウ糖、果糖、食塩、香料、乳化剤、膨張剤、着色料（ベータカロチン）	コアントロ入りデザートケーキ	砂糖、小麦粉、全卵、水素添加植物油、オレンジ皮、砂糖漬け、小麦でん粉、水あめ、コアントロ（40v％）3％、安定剤（ソルビトール）、米粉、ブドウ糖、果糖、食塩、香料、脂肪酸モノジグリセリド、膨張剤（重炭酸ナトリウム、酸性ピロリン酸ナトリウム）、色素（ベータカロチン）、保存料は含まず

栄養の実態	
供給サイズ 4 個（36g） 包装内は約 9 回供給	
一供給中の量 カロリー 190、脂肪カロリー 90	
	一日量中％＊
全脂肪 10 g	15％
飽和脂肪 5 g	25％
トランス脂肪 0 g	
コレステロール 5mg	2％
ナトリウム 75mg	3％
全炭水化物 22 g	7％
食物繊維 0 g	
糖類 19 g	
蛋白質 3 g	
ビタミン A 0％・ビタミン C 0％ カルシウム 8％・鉄 0％	
＊一日量の％は 2000 カロリー摂取の場合で、自分のカロリー必要量で増減すること	
各栄養素の勧告一日摂取量：省略した	

栄養成分表示
（36 グラム当たり）

エネルギー	190 kcal
たんぱく質	3 g
脂質	10 g
炭水化物	22 g
ナトリウム	75 mg

原材料：砂糖、脱脂乳、ココアバター、小麦粉、乳脂、乳糖、植物油脂、ココア、ホエー、カカオマス、液糖、食塩、乳化剤（大豆由来）、膨張剤、香料

原材料:ホワイトチョコレート（砂糖;ココアバター;脱脂乳;乳糖;減塩ホエー;乳脂；乳化剤の大豆レシチンおよび PGPR；人造香料のバニリン；酸化防止剤のトコフェロール）；強化小麦粉（ナイアシン；鉄強化；チアミン一硝酸塩；ビタミン B2;葉酸）;砂糖;部分水素添加植物油(大豆油および / または綿実油)；2％以下のアルカリ処理ココア；乳ホエー；チョコレート；高フルクトースコーン液糖；重炭酸ナトリウム；食塩；大豆レシチン；天然および人造香料
アレルギー情報：同じ装置で木の実を加工しています。

図 3-10 アメリカ産チョコレートクッキーの栄養と原材料表示
（左及び下：原表示の和訳、右：左図の日本国内表示）

普及を唱えても、多量に摂られる加工食品の栄養内容が不明では、健康的な食生活の実践は不可能です。

ここで表3-2、3-3に、同じ食品の表示が日本、ＥＵ諸国、スイス、オーストラリアで、どれだけ違うかの実例を示しました。輸入菓子の原産国表示の訳と、日本国内用の表示です。図3-10はアメリカ産のホワイトチョコレートクッキーについて、原材料表示と栄養表示の和訳と、その日本国内の表示を対比しました。ＪＡＳ法による品質表示基準は、加工食品の原材料を使用量の多いものから順に表示し、次いで食品添加物も使用量の多い順に示します。しかし、チョコレート、ココア、果実など、重要で特徴的な原料の％は表示されません。また、油脂の表示は単に「植物油脂」であり、食品添加物では「乳化剤」などの一括名表示がなされます。加工食品の栄養表示は重要ですが、日本ではその表示義務はなく、また海外に比べて各種原材料の％表示などに大きな差があり、表示の内容は半分程度になります。

(4)　食品の地理的起原表示と原産地表示

世界各国の農畜水産物や加工食品には、その地理的起原によって特徴と品質、名声が他の同種の産物と異なる場合があります。例えば、スイスのエメンタールチーズ、フランス・シャンパーニュのシャンパンなどです。これらの品質特性は「地理的起原表示」や「産地呼称」で示され、地理的起原の表示は一種の知的財産権と認められ、公的機関が認証して登録し、保護します。この保護された原産地表示と、現在、日本国内で問題にされる原産地表示とは全く異なります。

食料輸入大国である日本と韓国では、食品と原材料の安全性に関して、原産地についての消費者の関心が高く、特に中国などの産品に対する警戒心があります。しかし、厚生労働省の輸入食品監視統計によると、各国からの輸入食品の安全検査で判明する違反率は、近年では常に中国産品が最も少ないのです。二〇一三年までの六年間の違反％は、中国〇・二二～〇・三五、アメリカ〇・七〇～〇・九二、韓国〇・四五～〇・六六、タイ〇・六二～〇・八四、ベトナム〇・五六～一・一四、オーストラリア〇・二六～一・四五でした。しかし、中国からの輸入件数は全体の三割と多いため、違反の報道は最多になります。原産地に関しては、次のことが言えます。

○通常の農畜水産物が適切な管理下で生産され、貯蔵、輸送されれば、その品質と安全性に原産地による差異はありません。これは科学的な真実です。

生鮮食品の食肉、魚介類、野菜・果物、果実などに、原産国表示を義務づける国が増えています。しかし、この制度は国際間の公正な取引を阻害する恐れがあり、実施には世界貿易機関（WTO）に通知する必要があります。アメリカの生鮮食品の原産国表示（Country of Origin Labeling）制度（COOL）の弊害で、アメリカへのカナダとメキシコ産の畜肉輸出が減り、損害を受けた業者がWTOに提訴しました。その結果、WTOはCOOL制度を不当としてアメリカを非難しました。

日本はこの種の通告をＷＴＯに行っておらず、加工食品にまで原産国表示を拡大すれば、輸出国から非難される可能性があります。

(5)　主要国の食品原産地表示の概要

食品原料の輸入が多い日本と韓国は、生鮮食品はもちろん、加工食品の主要原料についても原産国表示が行われます。しかし、国連の食料農業機関（ＦＡＯ）の定めたコーデックスによると、食品製品の原産地と由来は、〃最終的に実質的な変更（加工）が加えられた場所〃としています。

・ＥＵ加盟国：ＥＵ加盟二七か国の原産地表示は、その情報がないと消費者が誤認する可能性がある場合に行われます。例えば、Ａ国産のハムをＢ国の業者がスライスし、その業者名で販売した場合は、Ａ国の原産国表示が必要です。一方、ＥＵで原産地の表示義務がある食品は、牛肉などの食肉、魚介類、ワイン、オリーブ油、蜂蜜、野菜、果物、ＥＵ以外からの鳥肉と卵です。近く施行の新規則では、加工食品の製造国または生産地が、その主要原料の原産国・原産地と異なる場合は、それを表示することになっています。ただし、ＥＵ加盟国が原産国、原産地の表示を義務化できるのは、由来する産地が食品の品質と関連することの証明が必要です。例外は、保護された原産地呼称制度の場合です。

・アメリカ、カナダ：アメリカの原産国表示制度（ＣＯＯＬ）は加工食品の原材料には適用されません。輸入品の場合であっても、剥いたエビ、茹でたエビや加熱調理された生鮮食品は適用外になります。原産地表示の対象になる食品は、牛、羊、豚、鶏などの食肉、天然と養殖の魚介類、生鮮農産物（冷凍品を含む）、オタネニンジン、マカダミアナッツ、ペカンナッツ、落花生です。カナダでは、輸入した食肉製品と水産食品、特定のアルコール飲料には原産地名を表示します。

・**オーストラリア／ニュージーランド**：オーストラリア／ニュージーランドでは、包装された食品については生産、加工または包装した国名の表示が必要です。また、未包装の生鮮食品、豚肉とその調整品についても、店頭表示やラベルで原産国表示が必要です。原料が輸入であっても、加工コストの五〇％以上が国内で発生した場合、例えば、**Made in Australia** と表示し、全てが国内産の場合は **Product of Australia** と表示します。輸入した原材料による場合は、**Made in Australia from imported Japan** などと表示します。

・**韓　国**：韓国では、農林畜産食品部（省）が管轄する食品、五三一品目全体に原産地表示を要します。またレストランなどでの米飯、肉類、キムチには原産地表示が必要です。輸入した動物については、輸入後処分までの国内での飼育が、牛六か月以上、豚二か月以上、鶏一か月以上で国産扱いになります。魚介類については、漁獲の「海域」、「遠洋」、「養殖」を表示します。加工食品の原材料の原産地表示は、特定の原材料について上位二品目の国名を表示します。しかし、一年に三回輸入国を変更、また三年間の平均で三か国からの輸入であれば、単に「輸入品」と表示できます。

(6) 強調表示の規制

日本では「天然」「無添加」「純粋」「ゼロ」などの表示が数多くなされています。一般に消費者は〝ナチュラル（天然）＝ヘルシー（健康的）〟と考えます。しかし、多くの国では優良誤認を避けるため、「無添加、不含」「天然」「純粋」「新鮮」「伝統的」「ホームメード」などの用語使用を禁止したり、表示にガイドラインを定めています。また、どの表現も消費者が誤認しないように、適切・正確に使用することを求めています。〝ナチュラル〟は、本来は「何も加えない」「何も除かない」「何の手も加えない」の意味ですが、このような天然の食品は滅多に存在しません。韓国では食品表示への、「天然」「ナチュラル」「ピュアー」「伝統的」「ベスト」「新鮮」「トップ」の記載を禁止しています。

アメリカでは、食品の加工に機械的処理や加熱など物理的な手段を用いた場合、Natural と表示できます。例えば、機械で搾ったオリーブ油や果汁などはナチュラルな食品です。また、化学的な方法で作られた食品添加物を含まない加工食品も、「ナチュラル」と表示できます。コーンシロップ（液糖）は化学的方法で作られますので、それを使った食品には「ナチュラル」の表示はできません。アメリカでは日本とは異なり、食品に用いる食塩やスパイス、トウモロコシデンプンから作るコーンシロップ（異性化液糖）も食品添加物に属します。そのため、食品添加物の数は一六〇〇にもなります。

(7) 食品関連法規の違反取り締まり

・日　本：日本では、食品衛生法違反の刑事事件は年間二〇〜五〇件程度ですが、BSE問題が発生した二〇〇一年以前に、JAS法違反で罰せられた業者は、筆者の知る限りでは皆無でした。輸入食品の国産詐称で消費者から数億〜数十億円を詐取しても、JAS法による行政処分は改善指示などであり、処罰を受けず、消費者への賠償も行われませんでした。国際的には信じられない現実です。なお、二〇一五年から消費者庁が罰則を強化しました。他方、主要国では、食品不正に対する監視と取り締まりはかなり厳しく行われます。

・アメリカ：連邦食品医薬品法違反について、食品医薬品庁（FDA）が罰則を管理します。法律違反では、個人の場合は一年以下の懲役及び／又は一〇万ドル以下の罰金。二度めの違反、詐欺や意図的違反では、三年以下の懲役及び／又は二五万ドル以下の罰金です。組織体の違反に対しては、二五万ドル以下の罰金であり、人的被害があると刑量が増します。また、不当に得られた被告人の利益、消費者の損害には、その二倍までの罰金刑を科すことができ、そのうえ消費者から損害賠償訴訟がなされます。

・カナダ：食品医薬品法のどの条項に違反した行為でも、即決判決の場合は五万ドル以下の罰金または六か月以下の懲役が科されます。起訴による有罪判決の場合は二五万ドル以下の罰金または三年以下の懲役が科されます。

・韓　国：食品衛生法違反が証明された場合、懲役または罰金刑が科せられます。例えば、有害食品の販売業者には七年以下の懲役及び／又は罰金一億ウォン（約千万円）以下の罰金。食品と添加物の規格・基準違反では五年以下の懲役及び／又は五千万ウォン以下の罰金です。表示基準違反、虚偽表示、誇大表示には三年以下の懲役または三千万ウォン（約三〇〇万円）以下の罰金、栄養表示違反と原産地表示違反には一千万ウォン以下の罰金です。その他にも詳細な罰則が定められ、軽度の違反には行政処分の休業／営業停止、製造停止などが行われます。韓国の食品医薬品庁（ＫＦＤＡ）は、衛生管理を含め全ての違反を管轄しますが、産地詐称の違反が大部分とされます。インターネット販売を含む違反の摘発は、二〇〇五〜〇八年で年間一六〇〇〜二〇〇〇件でした。なお、違反の通報者には報奨金（最高約百万円）が支払われます。

・ＥＵ、**オーストラリア**：国と州によって罰則に差があります。

(8) 食品表示違反取り締まりの内外格差

前述しましたが、農林水産省には食品表示Ｇメン（表示・規格指導官）の制度があり、地方の農政局と三九か所の農政事務所などに約一二〇〇人が配属されています。指導官には捜査権がないので不正の摘発には困難が予想されます。過去に行われた食品不正に対するＪＡＳ法違反の行政処分では、年間数百件の改善指導があり（公表なし）、公表された改善の指示は年間に数十件から最多で一二〇件でした。さらに、改善命令は一三年間に一二件ありましたが、明らかな詐欺行為であっても、ＪＡＳ法では犯罪にはなりませんでした。

このほかに、公取委の食品不正に関する排除命令（現消費者庁の措置命令）などが、毎年一〇件ほどありました。しかし、これらの中で刑事事件に至った例は、ミートホープ（二〇〇七年）や三笠フーズ（二〇〇八年）、三瀧フーズ（二〇一三年）など少数にすぎません。不正の告発は、不正競争防止法や食品衛生法違反容疑で行われています。

警察庁生活安全局の発表した食品関連事犯（事件）による、二〇〇四〜一五年の検挙事件数や検挙人員などを表3-4に示しました。不正に関連する検挙数は、二〇〇八年の食品不正の頻発と、JAS法違反の産地偽装が直罰方式になった二〇〇九年に増加しました。この事象の背景として、近年まではJAS法違反で罰を受けることがなく、それが詐欺行為であるとの認識が薄いことがあったと思われます。二〇〇二年のBSEに関する牛肉偽装事件までは、JAS法違反による罰則の適用は、多分皆無であったと思われます。これらの不正では、最初にJAS法違反が摘発されても、警察の捜査を受けて不正競争防止法など他の罪状で検挙される例が多く、JAS法による検挙数は僅かでした。

韓国の人口は日本の三八％ですが、韓国食品医薬品庁（KFDA）に

表3-4　警察庁による食品関連事犯の年度別検挙数

年　度	2004	2006	2008	2009	2010	2011	2012	2013	2014	2015
食品衛生関係事犯	14	20	21	32	36	27	21	26	20	22
食品偽装表示事犯	11	5	16	34	10	12	20	14	17	9
合　計	25	25	37	66	46	39	41	40	37	31
検挙人員数	42	35	91	132	85	76	73	80	77	61
検挙法人数	11	4	24	32	26	13	14	17	17	13

よる不正食品の摘発では、刑事告発数が年間一六〇〇～二〇〇〇件もあります。例えば、二〇〇六年の食品不正による検挙数は日本の二五件に対し、韓国の刑事告発の数は一八六八件もありました。韓国での不正摘発は日本の数十倍もあり、人口差を考慮すると刑事告発の数は日本の百倍程度になりますから、韓国政府が行う不正排除の実績に改めて感心します。逆に言うと、ＪＡＳ法による監視と取り締まりが緩やかな日本は、食品詐欺の横行を許しているといえます。韓国では、意図しない不正原材料の使用でも生産者が処罰されます。

アメリカでは、食品と医薬品の公正さや安全性などを管轄する行政機関は、主に保健省に属する食品医薬品庁（ＦＤＡ）です。この役所は百年以上前の一九〇六年に、不正な食品や医薬品を販売する悪徳な業者から、消費者を保護する目的で設立されました。それ以来、数多くの消費者保護の実績を持ち、ＦＤＡに対する消費者の信頼は高く、七五％の市民がＦＤＡを支持するという調査結果があります。

イギリスでは、ＢＳＥ問題での失政から食料農林水産省が解体され、消費者の安全や健康を保護する行政機関として、食品基準庁（ＦＳＡ）が設立されました。ＦＳＡは食料農林水産省と保健省から食品関連業務を引き継いだ組織です。ＦＳＡでは委員が公選され、政治家、生産者団体、業界から独立した食品行政が行われ、設立三年目には七五％の消費者から信頼を得ています。

日本の食品衛生監視員は約八千人、少なくとも年一回は食品企業の衛生状態を調査することになっています。彼らは食品企業の製造現場に詳しく、したがって違反を発見しやすい立場にありますが、衛生監視員にとって食品詐欺の摘発は本来の業務外です。例えば、食品製造業者の原料倉庫を見れば、専門家ならばそこで行われていることが分かります。食品表示Gメン一二〇〇人の活用も含めて、消費者保護のために仕組みを変えるべき、と思うのは筆者だけではないでしょう。食品衛生法とJAS法の食品監視に関連する法規は統合すべきと思います。

(9) 食品不正の検証分析

ヨーロッパの先進国では、消費者保護、食品の不正排除について一五〇年の歴史があります。食品に安価な原料での置き換えや、産地詐称などの不正が行われた場合、それを告発するには確実な証拠が必要です。したがって、各国には不正な食品に対して、その正否を鑑別する公的機関があります。イギリスでは、地方行政の単位である約五〇の郡役所に商品取引基準局があって、この部署が検査業務を担当しています。アメリカでは食品医薬品庁（FDA）が検証業務を行っています。韓国ではKFDAがこの業務を担当していますが、分析能力の点で不足する検査業務は、KFDAが指定する分析機関に委託しています。

また、フランスには公的な検査機関のほかに、高度な技術を持った食品の分析企業があって、日本を含め世界の主要国に支所を置いています。この企業は、世界中の食品産地の原材料に関するデータベースを保持し、産地詐称や不正食品の真偽判定を行っています。また、ヨーロッパの果汁ネクター協会（AIJN）のように、各種製品の真偽判定の基準として、五〇項目程度の成分範囲を定めている業界団体があります。

さらに、ワインに関しては、EU各国では詳細なデータベースが完備しており、産地詐称や置き換えと水増しの行為は困難になっています。しかし、取り締まり機関が貧弱で業者の性善説を前提にしてきた日本では、不正食品への監視と検証の基盤は極めて貧弱で、主要国に大きく遅れています。JAS法に関する公的分析機関の農林水産消費安全技術センター（FAMIC）や、自治体の検査だけでは、数多い不正食品に対処できません。

(10) 日本の食品表示制度の後進性

日本では過去の食品表示に関する制度改革論議で、加工食品の原料原産地表示などの食品の品質や安全性に関して、科学的には重要でない論議が行われてきました。しかし、消費者にとって最も大切な「商品の選択を容易にする」という表示の目的、つまり「親切な栄養表示」、「特徴的および重要原材料の%表示」が先ず論議されるべきでした。現在、日本の食品表示制度に関する筆者の感想は次の通りです。

第一に、日本の加工食品表示制度は、世界各国に比べると「一応、表示していますので、それでよいでしょう」という程度のものに思われます。おおよその食品内容は分かりますが、とても消費者の商品選択を容易にしているとはいえません。当然なことですが、製造・流通業者にとっては都合のよい制度です。食品表示制度の立案では業界の意見が尊重されており、例えばＪＡＳ法の表示原案の作成では、業界案の提示が行われました。農林水産省や旧厚生省には「食品表示は消費者のためにある」という基本的な考え方が長年にわたって不十分で、現在もそれが続いています。

食品衛生法の乳等省令が定める牛乳・乳製品、ＪＡＳ規格による食品、公正取引規約への加盟企業の食品については、その定義や規格が確立しています。しかし、それ以外の大部分の食品には定義と規格がないため、先進国にはあり得ない「まがいもの」と「水増し」食品が、合法的に流通しています。前述のように、ＦＡＯ／ＷＨＯは約二〇〇種の加工食品に国際規格を定めており、アジア諸国の食品規格はそれに準拠しています。そこで、現在ＥＵを含めて約五〇か国以上で義務化された制度、「食肉、魚介類、乳製品、果物・果実、野菜など、重要で特徴的な食品原料を、水分を含めて％表示する」ことが必要です。

第二は、医療費予算の抑制策も重要ですが、さらに重要な施策は、食生活の改善による国民の健康増進策の実行です。前述したように、病気予防の費用は治療費より桁違いに少なく、健康維持に最重要な要件は健全な食生活です。しかし、現在の健康増進法による、加工食品の任意の栄養表示とその貧弱な記載内容では、国民の健康増進に十分役立ちません。前述の通り、栄養表示は多くの途上国でも義務化されています。日本は加工食品の栄養表示義務化が遅れている唯一の先進国です。

第三に、食品添加物に関して、日本ほど複雑さとあいまいさをもった表示制度は、先進国はもちろん、世界中でも珍しい制度です。表示制度では、あくまでも消費者に対して、正確で明快な情報を与えなければなりません。そして、食品詐欺の防止など、世界の消費者保護政策に遅れないような努力を、政治と行政に期待します。

消費者の日常生活では、日々の食品の選択と購入は大変重要な行為です。他方で、食品を販売する業者は種々の手段を用いて商品を売り込み、また、利益を最大化したいと考えます。激しい生存競争のなかで、努力して優れた知恵を働かせた人が成功を収めます。しかし、事業者の中には不正な手段を用いる悪徳者は尽きません。

消費者には自分が買う食品の内容を知る権利があります。この大切な政治と行政の課題は、残念なことに、食品に関してはほとんど無視されてきました。根本には日本人の穏やかな民族性があるのでしょうが、例えば、醸造アルコールを半分添加した〝清酒〟、異種タンパク質入りの〝ハム〟のように、本物とまがい物の食品が同じ名称で売られます。このことを消費者が理解する手段は、商品の確実な内容表示で、しかも海外のように原材料の％表示です。ＥＵでは二〇〇〇年から、加工食品の主要及び重要原料、食肉や魚類、乳製品、果物その他の％表示を義務化し、この制度は二〇一五年に約五〇か国に達しました。近隣諸国では、韓国、タイ、マレーシア、ベトナム、香港、オーストラリア、ニュージーランドが義務化済みです。

何度も繰り返すようですが、**食品の表示は消費者保護のため、〝消費者の商品選択容易化のため〟**にあるのですから、早急な改善が望まれます。

(11) やがて食料輸入は容易ではなくなる——最大限の自衛を

国連の食糧農業機関（ＦＡＯ）によると、世界の食料の三〇％以上が廃棄されており、廃棄の率は消費者レベルが最大とのことです。日本でも食物にあふれた飽食の時代が続き、年間二千万トンに近い食料が廃棄されています。しかし、このような状況が今後十年、二十年続くとは思われません。すでに世界の穀物価格は過去二五年間に三倍になり、その高騰が常態化しつつあります。また、世界で毎年増加する八千万弱の人口を養い、九億人にのぼる飢餓人口を救済しなければなりません。他方で中国などでの肉食の増加、バイオ燃料の増加などが穀類不足を加速しています。栽培技術の改善、品種改良や遺伝子操作による作物の生産性向上はすでに限界に近づいており、今後は多くを期待できません。

今後、世界の農業で最も深刻な問題は水不足です。近年は国内での異常気象が常態化し、高温や水害に竜巻が加わるなど、明らかに数十年前とは状況が変わっています。この天候異常は世界的な現象であり、原因は一九六〇年以降の、大気中の二酸化炭素濃度の急激な上昇による地球温暖化であることは間違いないと思います。海洋の水温が上昇すれば大気への蒸散が増え、沿岸地域の降水量は増えます。しかし、内陸の河川は灌漑用水の増加で水量は減少し、黄河では下流に断水が発生しました。小麦一トンの生産には約千トンの水が必要です。また、穀物の生育期の気温が最適気温から一℃上昇しますと、生産量は一〇％減少するとされます。

アメリカ中西部、中国北部、インドの三大穀物生産地では砂漠化と水不足が拡大しており、地下帯水層からの水の大量な汲み上げによって灌漑が行われていますが、この帯水層が枯渇し、増加する世界人口を養えなくなる日が近づいています。石油と水の利用がピークに達した世界は、すでに経済成長の時代を過ぎ、人類の存続と持続可能な地球環境保全のために、全力を傾注すべき時代に入りました。また、現在の大きな課題は自然エネルギーの利用で、風力、太陽光、地熱利用の発電の拡大です。風力発電は、デンマークで国全体の二一％、ドイツでは八％を超えましたが、日本の再生エネルギー利用は全体の一・五％にすぎません。

現在、世界の安全保障は軍事力の問題を離れて、食料の安全保障に移行しています。穀物の主要産地はアメリカとブラジルですが、世界各国の穀類増産体制の強化も重要課題です。人口が一三・五億人の中国は、一〇年前は穀物輸出国でしたが、肉食の普及で最近は大豆六千万トンとトウモロコシ一千万トンを輸入しています。また人口一二・五億人のインドは、現在は必要食料の一〇〇％強を自給していますが、中国や韓国と共に海外での農地取得に動いています。

ひるがえって日本農業の現状はどうでしょう。人口が一億人以上の国で穀物自給率を比較しますと、最低の日本は僅か二七〜二八％であり、次のメキシコは七〇％を自給しています。日本人一人当たり農地面積は三・六アール（一〇九坪）で、ＥＵ諸国の一〇％程度にすぎません。日本の穀物輸入は年間約三千万トンで、小麦五五〇万トン、コーン一六五〇万トン、大豆四〇〇万トンなどであり、その大部分はアメリカ産です。しかし、産地の異常気象で収穫量の大幅減少が起こり得ますので、輸入先の多元化と安定輸入先の確保、穀類備蓄の積み増しが必要です。例えば小麦については、スイスは四か月分、ノルウェーは六か月分、フィンランドは一年分を備蓄していますが、日本は端境期の米が二か月分、小麦二・五か月分にすぎません。

日本の穀類自給率の向上には、米の減反廃止、耕作放棄地の復元、兼業農家支援の廃止と主業農家への直接支払制度の強化、水田稲作の経営面積拡大、多収穫稲の品種改良などがあります。余剰米対策としては、備蓄の積み増しと補助金による輸出を行うべきでしょう。日本の穀物自給率の低さは、約一六〇〇万トンの飼料穀物輸入に起因します。酪農・畜産は人が直接利用できない植物資源の活用が本来の姿です。この点では、国土の2/3を占める山地・森林の一割程度を草地や疎林化し、牛や豚を飼育することで大きく改善されるでしょう[3]。日本は、将来の安定的な食料確保のため、国土と農業の大改革を行わねばなりません。

参考資料

（1）J. Albert, edt., Inovation in food labelling, FAO of the Unaited Nations, CRC Press, 2010.

（2）内閣府委託調査、商事法務研究会：海外主要国食品制度の総合調査、2009年。及び、藤田哲：革新が進む世界の食品表示、主要国の動向、食品と科学、五三‐五四、二〇一〇年十月～二〇一一年五月に連載

（3）藤田哲：日本農業の再興と山地・森林利用（1‐4）、食品と科学53（12）七四‐七九（二〇一一）、54（1）六九‐七二、（2）七〇‐七一、（3）七五‐七八（二〇一二）

補遺：食べることの大切さ——食は人の行動を支配する

食は命の根源であり、日本では憲法二五条が定めるとおり、誰もが健康で文化的な最低限の生活を保障されています。このことを食生活に関して言い換えれば、消費者には純正で安全な食品を、適正な価格で求める権利があるといえましょう。

You are what you ate.「あなたはあなたが食べたものだ」という真理は、古いインドの賢人の言葉とされます。人の心身、健康、寿命には遺伝の要素がありますが、その人がおかれた環境、特に何を食べてきたかに大きく影響されます。食に何を選び、どのように食べるかによって、その人の人生が変わることは間違いありません。このことは、同じ遺伝子をもつ一卵性双生児が、大きく異なった環境で育った場合、その環境の影響を受けて、時には全く別人のようになることが知られています。

多くの疫学研究などの結果は、受精に始まる人の一生で、母親の妊娠中の食生活が健全でないと、成長後の子供に肥満、糖尿病などの生活習慣病リスクが高まることを示しています。また誕生時の体重が少ないと、大人になってからの心臓血管病、糖尿病、脳梗塞、精神疾患などの発症リスクが高まることも分かっています。「小さく産んで大きく育てる」ことは、誤った考え方といえます。近年は若い女性に痩せ願望が強まっており、痩せすぎの低栄養による影響は、三世代先まで子供の健康を脅かすとされます。低体重の新生児の比率は、世界の主要二五か国中で日本は第一位でずば抜けて多く、家庭内の健康だけでなく国の衰退を促進するでしょう。胎児の健全な発育には受精した卵子の環境が良好である必要があり、You are what your mother ate. ということになります。

食ほど大切なものはなく、健康で幸福な人生を送るために、人は栄養バランスのとれた食事を摂らねばなりません。過去には食事のほとんどが家庭での調理によっていましたから、自分らが何をどのように食べたかが分かりました。しかし近年は加工食品や調理済みの食品が増え、原料や栄養内容が親切に表示されなければ、その内容把握が難しくなっています。日本の加工食品には栄養表示が義務化されておらず、世界各国と比べて最も遅れていますから、栄養内容の把握はかなり困難です。また実態は不明ですが、日本の食品には虚偽表示がかなりあるとみられます。社会が複雑化するほど悪の技術が多様化するとされます。悪の犠牲にならないためには、悪の技術を知ってそれを見破る力、つまり騙されない能力が必要です。虚偽表示は消費者に対する詐欺行為ですから、厳重な監視と取り締まりが必須であり、また消費者には食品詐欺の実態についての知識が必要です。

・悪徳者の存在

人には、〝他人の運命はいざ知らず自分だけは生き残りたい〟、また〝人が損をしても自分だけは得をしたい〟とのエゴがあり、これは動物としての人間の本性です。嘘をついてはならないのですが、しかし全く嘘をつかずに人は生きていけません。また「騙し」は利得のために種々の知略を用いますので、悪の芸術ともされます。そして何時の世でも不当な利得への誘惑は強く、悪徳者は尽きることはありません。数千年をさかのぼり、食品が商品になったときから食品詐欺は続いており、ローマ時代にはそれが厳しく罰せられ、犯人は追放か奴隷の刑を受けました。中世のニュルンベルグでは、偽のサフランを売った商人が、偽物のサフランを使って火炙りになりました。当時、サフランは生薬や着色料として金より高い価値がありました。

・脳の栄養と反社会的行動との関係

「健全な精神は健康な身体に宿る」とされます。人の一生を通じてどの瞬間でも、精神と肉体の働きは、全てが脳によって支配されています。しかし、脳の非常に高度な働きに日頃の栄養が影響することは、ほとんどの人が知りませんでした。

脳の重量は体重の二％強で一・二〜一・四kgにすぎませんが、脳は人が使うエネルギーの約二〇％、成人で一日約四〇〇キロカロリーを消費しています。この量は人の骨格筋が使うエネルギー量とほぼ同量です。脳にはエネルギー源として糖分が必要ですが、その正常な機能には単にエネルギーだけでなく、様々な栄養素が重要であることが分かってきました。[1] つまり、「健全な精神はあなたが食べたものの結果である」と言えます。過去一五年ほどの研究で、自殺、抑鬱、攻撃性、衝動性、種々の犯罪など反社会的行動が、脳での栄養不足と関連することが分かってきました。[2] 脳を構成する成分の約六割は種々の脂質（リン脂質、糖脂質、コレステロールなど）ですが、脂質の主な成分は種々の脂肪酸です。ヒトにとって、必須脂肪酸のリノール酸とリノレン酸の摂取が不可欠なことはよく知られています。

脳を構成する脂肪酸類の中には、魚油に多いＤＨＡ（ドコサヘキサエン酸）などの高度不飽和脂肪酸が多量に含まれます。しかし、人体はＤＨＡなどの合成能力が不十分なので、栄養素として食事から摂取する必要があります。そして、ＤＨＡなどの摂取量が、犯罪などの反社会行動と関連することが、アメリカ国立健康研究所などの多くの研究結果から示されました。さらに、過激な犯罪者を収容する監獄で、囚人に十分な栄養を与えますと、拘置所内での違反行為が激減することも知られています。[2] そこで魚食の多い日本は、殺人その他の凶悪犯罪が世界で最も少ない国に属しています。[3]

・ヒトの歴史と食べ物

現在の人類（ホモ・サフィエンス）の出現から約二〇万年、近東地域での牧畜と農耕の開始（穀類の栽培）から一万年弱、日本で水田稲作が普及し始めたのは二千年以上前の弥生時代とされます。仮にヒトの一世代を二五年とすれば、一万年は四〇〇世代、二千年は八〇世代で、我々は弥生時代人の約八〇代目の子孫になります。この一万年間に、ヒトのデンプン消化にあずかる酵素系が、ある程度進化したことが分かっています。しかし、ヒトの消化・吸収に関連する遺伝子は、ほとんど変わっていないと思われます。

文明開化の明治時代が始まったのは一八六八年で、ほぼ五〜六世代前になります。日本ではその頃まで、支配階級、貴族、大商人を除きますと、庶民の食生活は弥生時代の先祖とそれほど大きく変わらず、暮らしは大変質素なものでした。また、庶民の移動手段は徒歩で、日々の生活では体を使い、人々は毎日多かれ少なかれ運動していました。

この二百年弱で飛躍的に発展した科学と技術は、過去の価値観を変え、社会はもとより人々の生活を変えてしまいました。過去五〇年間にあらゆることが便利になり、生活のために使われた多くの労力は、健康維持のための運動に変わり、栄養の改善と医療の発達で長寿社会が到来しました。二〇世紀初頭に生まれた庶民は、飛行機で旅行ができるとは思わず、宇宙旅行などは全くの夢物語でした。このような急激な発展は、束縛が強かった過去の社会から自由を得た人々の働きの結果であり、人間それ自体が進化した結果ではありません。動物としての進化の速度は遅く、我々は二千年前とほぼ同じ「人」なのです。

参考資料

（1）横越英彦編：脳、機能と栄養、七五–一四九頁、幸書房（二〇〇三）
（2）Tarver, T, A Diet for a Kinder Planet. *Food Technol.* 68 (10): 20–29 (2014)
（3）藤田哲：反社会的行動と脳の栄養、*New Food Industry* 57 (4) 39–46 (2015)

著者略歴

藤田　哲（ふじた　さとし）

1929 年　東京都に生まれる
1953 年　東京大学農学部農芸化学科（旧制）卒業
1953–68 年　大日本製糖 (株) 勤務，パン酵母およびショ糖脂肪酸エステルの研究開発
1969–90 年　旭電化工業 (株) 勤務，各種乳化油脂食品、天然系界面活性剤、酵素生産・利用の研究開発
1988 年　技術士（農学部門・農芸化学)、食品衛生管理士
1990 年　藤田技術士事務所開業
1991 年　農学博士（東京大学)
現　在　食品化学、食品・農産製造分野の研究コンサルタント

著　　書　『食品の乳化—基礎と応用』（幸書房)
『食用油脂—その利用と油脂食品』（幸書房)
同上 改訂版
『これからの酪農と牛乳の栄養価』（幸書房)
『食品のうそと真正評価』（エヌ・ティー・エス)
同上 改訂版
翻 訳 書　『コーヒーの生理学』（めいらくグループ)
『食品コロイド入門』（幸書房)
編　　著　『食品機能性の科学』（産業技術サービスセンター)
『新世紀の食品加工技術』（シー・エム・シー出版)
分担執筆　『乳化・分散プロセス』（サイエンスフォーラム)
『食品乳化剤と乳化技術』（工業技術会)
『新食感事典』（サイエンスフォーラム)
『食の安全』（エヌ・ティー・エス)
『食品表示の基礎用語』（幸書房)

その他、報文、総説多数。

食品詐欺の実態と誘因

2018年5月30日　初版第1刷発行

著者　藤田　哲
発行　藤田技術士事務所

〒277-0072　千葉県柏市つくしが丘3-7-1
TEL04-7172-1504

発売　株式会社　幸書房

〒101-0051　東京都千代田区神田神保町2-7
TEL03-3512-0165

装幀：クリエイティブ・コンセプト（江森恵子）
組版：デジプロ
印刷：シナノ

ISBN978-4-7821-0426-2　C1077